基于BIM的预制装配建筑体系应用技术（2016YFC0702000）

BIM在装配式结构施工模拟和性能化分析（sjw2013-08）

BIM在装配式建筑全寿命周期中应用的实现方案（sjw2013-09）

装配式混凝土结构建筑信息模型（BIM）应用指南

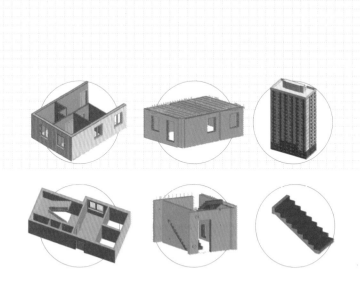

沈阳建筑大学 ◎主编

化学工业出版社

·北京·

本书编写组深入研究了BIM技术在装配式建筑中应用的技术特点，总结了国内外相关BIM标准、技术指南、论文、试验成果，本着消化、吸收、创新的原则，经广泛征求设计、施工、监理、建设单位意见的基础上编写而成。主要内容包括：总则、术语、BIM执行策略、BIM应用流程、BIM协同设计交互操作、模型拆分（工作集和连接）、文件夹结构与模型命名规范。本书除包含建筑物三维几何模型的创建，还包括建筑物全寿命周期中，从项目评估、规划设计、工程招投标、施工管理、竣工交付、运营维护一直到报废拆除为止，所有与建筑物相关的人、事、物所涉及的过程信息的管理、编辑、记录、查询、增删、修改、分析、模拟等。

本书可作为工程建设管理人员和技术人员了解学习装配式混凝土结构建筑信息模型（BIM）应用的参考书，也可作为高等院校、行业协会与学会等的教学研究参考书。

图书在版编目（CIP）数据

装配式混凝土结构建筑信息模型（BIM）应用指南／沈
阳建筑大学主编.—北京：化学工业出版社，2016.8（2018.2重印）
ISBN 978-7-122-27290-4

Ⅰ.①装… Ⅱ.①沈… Ⅲ.①装配式混凝土结构-建筑
设计-计算机辅助设计-应用软件 Ⅳ.①TU201.4

中国版本图书馆CIP数据核字（2016）第126506号

责任编辑：刘丽菲　　　　　　　　　　　　装帧设计：韩　飞
责任校对：宋　夏

出版发行：化学工业出版社（北京市东城区青年湖南街13号　邮政编码100011）
印　　装：北京瑞禾彩色印刷有限公司
710mm×1000mm　1/16　印张18¾　字数366千字　2018年2月北京第1版第3次印刷

购书咨询：010-64518888（传真：010-64519686）　　售后服务：010-64518899
网　　址：http://www.cip.com.cn
凡购买本书，如有缺损质量问题，本社销售中心负责调换。

定　　价：98.00元　　　　　　　　　　　　　　版权所有　违者必究

为推进BIM（Building Information Modeling，建筑信息模型）在现代建筑产业化中的应用，转变经济发展方式，促进产业升级，提高建筑产业信息化水平，沈阳建筑大学组织编写了《装配式混凝土结构建筑信息模型（BIM）设计指南》。

装配式混凝土结构是现代工业化建筑主要结构形式之一，其优点在于工厂化生产、标准化作业、生产环境稳定、不受天气影响、质量保证率高，符合国家节能减排和建筑工业化的发展战略。BIM在装配式建筑中应用所带来的主要益处是实现设计师基于网络的协同工作和信息共享，减少工程设计阶段"错、漏、碰、缺"等错误的发生，提高设计质量，降低信息传递过程中的衰减，实现设计施工一体化，符合中华人民共和国住房与城乡建设部近年来建筑业信息化发展纲要精神。

本书编写组认真研究了BIM技术在装配式建筑中应用的技术特点，总结了国内外相关BIM标准、技术指南、论文、试验成果，本着消化、吸收、创新的原则，在编制组充分讨论和广泛征求设计、施工、监理、建设单位意见的基础上编写而成。

本书主要内容包括：总则、术语、BIM执行策略、BIM应用流程、BIM协同设计交互操作、模型拆分（工作集和连接）、文件夹结构与模型命名规范。本指南除包含建筑物三维几何模型的创建，还包括建筑物全寿命周期中，从项目评估、规划设计、工程招投标、施工管理、竣工交付、运营维护一直到报废拆除为止，所有与建筑物相关的人、事、物所涉及的过程信息的管理、编辑、记录、查询、增删、修改、分析、模拟等。

本指南由沈阳市城乡建设委员会归口管理，由沈阳建筑大学负责技术解释。在实施本指南过程中，若发现有需要修改或补充之处，请将意见寄至沈阳建筑大学（沈阳市浑南新区浑南东路9号，邮编110168，联系电话：024-24692223），以便今后修改。

　主编单位：沈阳建筑大学
　参编单位：中国建筑东北设计研究院有限公司
　　　　　　辽宁省建筑设计研究院
　　　　　　沈阳市建筑设计院
　　　　　　沈阳市现代建筑产业化管理办公室
　主要起草人：张德海
　参编人：孙长征　陈　勇　曹　辉　赵　宇　雷云霞　刘嘉敏　梁志恒
　　　　　肖奕萱　于彦凯　李少朋　赵　畅　赵海南　代俊杰　赵　青
　　　　　白际盟　王晨宇　王文昊　刘一民　孙佳琳　陈艳丽　李文超
　　　　　辛雨泽

6 交互操作性 40

7 模型拆分（工作集和连接） 42

8 文件夹结构与模型命名规则 47

附录A 工程项目BIM执行计划 55

1 总则

1.0.1　为推进建筑信息模型（以下简称BIM）在沈阳市现代建筑产业化中的应用，提高沈阳市建筑产业信息化水平，实现建筑产业化与信息化的深度融合，编写本指南。

1.0.2　本指南是针对沈阳市现代建筑产业装配式混凝土结构中BIM的应用而编制。

1.0.3　免责声明

　　本指南包含的所有内容仅供参考。编写组不对内容中的流程和指导原则的使用承担任何责任。如果在工作中使用这些内容，须预先充分考虑其适用性。

1.0.4　应用范围

　　本指南适用于装配式混凝土建筑中所有有关BIM的工作。

　　主要目标如下。

　　（1）通过采用协调一致的工作方法，最大限度地提高生产效率。

　　（2）制定标准设置和最佳实践，以确保在整个工程项目中生产出高品质的、形式统一的图纸（模型）。

　　（3）确保电子化BIM档案结构的正确性，从而实现高效的资源共享，同时使多个专业团队既能在内部，也能在对外的BIM环境中进行协同工作。

　　（4）通过合理使用BIM构件（组件）库，形成"模块化"设计方式，提高设计效率，适应建筑产业化的要求。

1.0.5　更新流程

　　若要对本指南进行修改或扩充，应以书面形式提交编写组，其中应附有相关的示例、论述或其他支撑性材料。编写组将收集回馈，并进行整理，以便在适当的时期内制定或修订相关内容。

2 术语

2.0.1 模型

以设施的物理特性和功能特性基于对象的数字化表达。其为设施的共享信息资源，在设施建造后的整个生命周期内为决策提供稳定的基础。

2.0.2 BIM

"Building Information Model"或"Building Information Modeling"的简写，中文译名为"建筑信息模型"或"建筑信息模拟"。"建筑信息模型"是指基于BIM所产生的数字化建筑模型。"建筑信息模拟"是指创建并利用数字化模型对建设工程项目的设计、建造和运营全过程进行管理和优化的过程、方法和技术。BIM模型的信息由几何属性信息和非几何属性信息两部分组成，包括模型使用、工作流和模型方法。模型方法影响模型生成的信息质量。在获取需要的项目结果和决策支持中，什么时候与为什么使用和共享模型会影响BIM使用的效率和有效性。

2.0.3 几何信息

英文名称"Geometric information"简写为GI，几何信息是建筑模型内部和外部空间结构的几何表示。

2.0.4 非几何信息

英文名称"Non-geometric information"简写为NGI，非几何信息是指除几何信息之外的所有信息的集合。

2.0.5 构件

亦称"模型构件"，是一个可在多种场合重复使用的个体图元（如门、楼梯、家具、柱等），使用者通常将模型构件插入或移动／旋转到建模所需的位置。

2.0.6 组件

一组构件或模型图元，用来定义一部分或整个建筑模型（例如：复合墙体、整体厨卫等）。

2.0.7 公共信息环境

英文名称"Common Data Environment"简写为CDE，是一种在项目团队的所有成员之间维持共享信息的方法。

2.0.8 WIP

英文名称"Work In Progress"简写为WIP，指进行中的工作，正在构建中的内容，这些内容未经过审查和验证，不适合在设计小组之外使用。

2.0.9 可施工性

对设计在施工中是否可以实施以及如何实施的评估。不同专业的可施工性：建筑师实现设计按照预想方式施工的能力；工程师实际施工后，符合规定性能标准的能力；承包人基于成本、进度、原材料和劳动力等因素的可行性、途径和项目的建造方式。BIM不应是简单地创建纸上模型，而是要创建可施工的模型。

2.0.10 BIM执行计划

英文名称"BIM project execution plan"简写为BEP，规定在一个具体项目中如何实施BIM，是项目团队的集体决策，并且经业主批准。《BIM执行计划》不是合同文件，而是合同的工作成果。

2.0.11 BIM经理（协调人）

业主指定的自然人或公司，负责协调项目中BIM的使用并确保项目团队正确执行《BIM执行计划》。根据项目的不同性质（如预算、交付方法），一个项目中可能有不止一个BIM经理。原来的项目成员（如项目经理、建筑师等）也可以担任这个角色。

2.0.12　BIM构件（组件）库

英文名称"BIM component library"，BIM构件（组件）库是指在BIM实施过程中开发、积累并经过加工处理，形成可重复利用的构件（组件）的集合。

2.0.13　BIM模型深度

英文名称"BIM model depth"，BIM模型深度是指模型中信息的详细程度，包括几何信息深度和非几何信息深度。

2.0.14　工作集

英文名称"Worksets"，是通过一个"中心"档案和多个同步的"本地端"副本，同时处理一个模型档案的共享方法。

2.0.15　链接

英文名称"Linking"，使用者可以在模型中引用更多的几何图形和资料作为外部参照的共享方法。

2.0.16　交互操作性

实现不同BIM应用的不同软件之间的数据互换和共享的可能性。

装配式混凝土结构工程项目BIM执行策略

3.1 BIM项目准备

3.1.1　每个工程项目都应指派一名BIM项目经理。BIM项目经理应对建筑模型库、结构模型库、设备模型库、深化模型库、工程项目中的BIM应用有深刻的了解。

3.1.2　确定BIM在项目计划、设计、施工、运营各阶段的应用价值。通过各专业协同提高设计质量，在设计阶段进行碰撞检查和在深化阶段进行施工模拟，提高施工效率，有助于创新设计等。

3.1.3　在工程项目中的协同工作，按照设计、施工规范均应制定明确的指导原则，以保证工程项目的顺利进行，并以电子资料的形式完整保存。

3.1.4　全专业设计、施工人员应定期对BIM执行计划中的方案进行汇总，以确保执行过程中模型信息的完整性。

3.1.5　BIM项目协调人应明确设计、施工人员在整个项目执行期间各自的BIM应用，并明确规定所有模型图元的负责人。

3.1.6　根据项目BIM应用目标确定模型中构件需要包含的信息，模型信息需要详细到何种程度，避免过度建模。

3.1.7　根据项目的功能、专业等进行整体拆分或局部拆分，降低单个模型对硬件的要求，避免单一档案的大小超过100MB。

3.1.8　对模型的所有修改都应通过3D方式，不宜采用2D"补丁"的方式，以保持模型的实际操作性。

3.1.9　须定期审查未处理的警告信息，并解决重要问题。

3.2　工程项目BIM执行计划

3.2.1　项目组应在项目初期制定一份"工程项目BIM执行计划"架构和一份补充性的 "工程项目BIM执行计划指导说明"，用来确保不同项目之间均能符合一致性原则。对于更大和更复杂的项目，可能需要更多说明，并对该计划进行相对应的延伸。

3.2.2　"工程项目BIM执行计划"应至少包含以下内容。

（1）BIM项目执行计划总论：说明制订执行计划的原因、目标。

（2）项目信息：项目编号、项目位置、项目描述、重要时间节点。

（3）项目关键合同。

（4）项目BIM应用目标：BIM应用价值、项目组制订的项目对BIM应用的特殊要求（装配式构件安装中碰撞检查应用是检查钢筋之间的碰撞和施工模拟应用中应包括钢筋与钢筋连接件位置的模拟）等。

（5）项目组的作用和职责：主要是确定BIM计划共享坐标、项目执行各阶段计划。

（6）BIM设计程序：本部分要详细说明BIM计划路线图的执行程序。

（7）BIM信息交换：详细制订模型质量要求、详细程度（级别），且必须清晰明确地提出要求。

（8）BIM数据要求：必须明确业主的要求。

（9）合作程序：必须明确提出团队合作程序，包括模型管理程序（文件结构、命名规则、文件权限管理等），以及典型会议日程和程序等。

（10）模型质量控制程序：保证整个项目所有参与人员应当达到的标准以及监控程序。

（11）技术基础条件要求：执行项目所需的硬件、软件、网络环境等。

（12）模型结构：明确模型结构、文件命名规则、坐标系统、模型标准等。

（13）项目交付：明确业主要求的项目交付要求。

（14）交付方式：如综合项目交付、设计-建造、设计-投标-建造等方式。

3.2.3　BIM计划执行制定程序

为保障一个BIM项目高效和成功地实施，相应的实施计划需要包括BIM项目的目标、流程、信息交换要求和基础设施系统四个部分，图3.1是典型的BIM项目实施规划制定程序。

图3.1 BIM项目实施规划制定程序

第一步：定义BIM目标和应用。BIM目标分为项目目标和公司目标两类，项目目标包括缩短工期、更高的现场生产效率、通过工厂制造提升质量、为项目运营获取重要信息等；公司目标包括业主通过样板项目描述设计、施工、运营之间的信息交换，设计机构获取高效使用数字化设计工具的经验，施工方获取精确定位施工构件的经验等。目标明确以后才能决定要完成一些什么任务（应用）去实现这个目标，这些BIM应用包括创建BIM设计模型、碰撞检测、4D模拟、成本预算、空间管理等。BIM计划通过不同的BIM应用对该建设项目的利益贡献进行分析和排序，最后确定本计划要实施的BIM应用（任务）。

第二步：设计BIM项目实施流程。BIM项目实施流程分为整体流程和详细流程两个层面。整体流程确定上述不同BIM应用之间的顺序和相互关系，使得所有团队成员都清楚他们的工作流程和其他团队成员工作流程之间的关系。详细流程描述一个或几个参与方完成某一个特定任务（例如拆分设计）的流程。

第三步：制定信息交换要求。定义不同参与方之间的信息交换要求，特别是每一个信息交换的信息创建者和信息接受者之间必须非常清楚信息交换的内容。

第四步：确定实施上述BIM计划所需要的基础设施，包括交付成果的结构和合同语言、沟通程序、技术架构、质量控制程序等以保证BIM模型的质量。

3.2.4 BIM应用目标

（1）要确定合适的BIM应用目标必须考虑项目特点、参与人员的目的和能力，以及实施风险等因素。每一个应用目标应当满足整个项目的效益（缩短项目工期、降低项目成本、提高工程质量等）之一。如通过模块化设计降低设计成本，通过精细的3D模型及坐标系统提供高质量的施工图纸，通过精确施工模拟提高施工质量等。其他目标还包括应用模型高效率生产图纸、文件等，随时

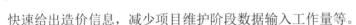

快速给出造价信息，减少项目维护阶段数据输入工作量等。

（2）本指南总结了目前BIM的多种不同应用如表3.1所示，表中BIM应用依照建设项目从规划、设计、施工到运营的各个阶段先后时间组织，有些应用会跨越不同阶段（例如3D协调），有些应用则局限在某一个阶段内（例如结构分析）。BIM团队可以根据建设项目的实际情况从中选择计划要实施的BIM应用。

表3.1　目前BIM的多种不同应用

规划	设计	施工	运营
现状建模			
成本预算			
阶段规划			
规划文本编制			
场地分析			
	设计方案论证		
	设计建模		
	能量分析		
	结构分析		
	日照分析		
	设备分析		
	其他分析		
	评估		
	规范验证		
		3D协调	
		预制构件（组件）建模	
		场地使用规划	
		施工系统设计及施工过程模拟分析	
		数字化加工	
		三维控制和规划	
			记录模型
			维护计划
			建筑系统分析
			资产管理
	主要BIM应用		空间管理/追踪
	次要BIM应用		灾害规划

（3）实施BIM应用之前，规划团队要确定合适的BIM目标，这些目标必须考虑项目特点、参与人员的目的和能力，以及实施风险等因素。

（4）BIM目标分为两种类型。第一类跟整体项目表现有关，包括缩短项目工期、降低项目成本、提高工程质量等（如通过节能分析降低项目能耗，通过精细的3D模型提供高质量的施工图纸，通过精确施工模拟提高施工质量等）。第二类目标与具体任务的效率有关，包括有应用BIM模型高效率绘制施工图、随时快速做出造价信息，减少项目维护阶段数据输入的工作量等（如装配式住宅中确定管线穿梁的位置，利用局部管线与结构的BIM模型进行碰撞检测，确定需调整的管线）。

（5）某些BIM目标对应于某一个BIM应用，也有一些BIM目标可能需要若干个BIM应用来帮助完成。在定义BIM目标的过程中可以用优先级表示某个BIM目标对该建设项目设计、施工、运营成功的重要性。表3.2是一个实验室项目定义BIM目标的案例。

表3.2　一个装配式项目定义的BIM目标

优先级（1～3）	BIM目标描述	可能的BIM应用
1-最重要	增值目标	
1	提升现场安装效率	设计审查，3D协调
3	提升设计效率	设计审查，设计建模，3D协调
1	提升出图效率	设计建模
1	为物业运营准备精确3D记录模型	记录模型，3D协调
1	提升可持续目标的效率	工程分析，LEED评估
2	施工进度跟踪	4D模型
3	定义跟阶段规划相关的问题	4D模型
1	审查设计进度	设计检查
1	快速评估设计变更引起的成本变化	成本预算
2	消除现场冲突	3D协调，4D模拟
3	提升工厂生产效率	设计建模

（6）使用信息是创建信息的前提。目标不同，其重要性可能不同（如采用预制装配式结构施工提高生产效率，3D模型坐标系统及施工前空间碰撞检查的重要性比其他应用要高）。成功实施BIM应用最关键的是团队成员能够理解其所创建的模型在未来的应用目标。BIM是建设项目信息和模型的集成表达，BIM实施的成功与否不但取决于某一个BIM应用对建设项目带来的生产效率的提高，而且更取决于该BIM应用建立的BIM信息在建设项目整个生命周期中被其他BIM应用重复利用的利用率。换言之，为了保证BIM实施的成功，项目团队必须清楚他们建立的BIM信息未来的用途。例如，结构师在模型库中增加一个柱

构件，这个柱可能包括材料数量、材料力学性能、钢筋和预埋件等，结构师需要知道将来这些信息是否有用以及会被如何使用？数据在未来使用的可能性和使用方法将直接影响模型的建立以及涉及数据精度的质量控制等过程。通过定义BIM的后续应用，项目团队就可以掌握未来会被重复利用的项目信息，以及主要的项目信息交换要求，从而最终确定与该建设项目相适应的BIM应用。

（7）BIM应用使用工作表来规范工作程序（工作表示例见表3.3）。

① 确定潜在的BIM应用。

② 确定每一项潜在BIM应用的负责人。

③ 按以下条款记录（评价）每一项目BIM应用负责人（团队）的能力。

a. 资源：确定负责团队是否具有实现BIM应用的必备资源，包括BIM技术人员、软件、软件使用培训、硬件、IT支持。

b. 能力：确定团队是否具有成功实施BIM应用的操作能力，项目团队应该掌握实施BIM应用的所有细节及实施路线（实施方案）。

c. 经验：确定团队是否具有实施BIM应用的经验，实施BIM应用经验对于成功实现BIM应用目标至关重要。

4）确定每一项应用的潜在价值和风险。项目团队应当考虑到在实施每一项BIM应用时，可能获得的潜在价值和发生的风险，并将其列入工作表的备注一栏中。

5）决定每一项BIM应用是否付诸实施。项目团队应当讨论每一项BIM应用的细节，并根据项目特点和自身情况决定每项BIM应用是否适合实施。对每一项BIM应用进行经济比较，并充分考虑实施的风险。

表3.3　BIM应用工作表示例

BIM应用	对项目的价值	负责人	对负责人的价值	能力评价			实施BIM应用所需资源/能力	备注	后续应用
	高/中/低		高/中/低	1～3(1最低)					是/否/可能
				资源	能力	经验			
设计建模	高	设计方	中	3	3	3			是
		生产方	中	1	2	1			
		施工方	中	2	2	2	需要培训及软件		
		维护方	高	1	2	1	需要培训及软件		
成本预算	中	施工方	高	2	1	1			否
4D模拟	高	施工方	高	3	2	2	需要指定软件培训	对业主具有很高价值	是
3D协调（施工）	高	施工方	高	3	3	3			是
		分包方	高	1	3	3			
		设计方	中	2	3	3			

续表

BIM应用	对项目的价值	负责人	对负责人的价值	能力评价			实施BIM应用所需资源/能力	备注	后续应用
工程分析	高	MEP工程师	高	2	2	2			可能
		建筑师	中	2	2	2			
设计审查	中	建筑师	低	1	2	1			否
3D协调（设计）	高	建筑师	高	3	3	3			是
		MEP工程师	中	3	3	3			
		结构工程师	高	3	3	3			
维护计划	中	维护方							

3.2.5　BIM项目执行路线图制订

（1）在明确了每一项BIM应用后，需要针对每一项BIM应用及整个项目制订具体实施路线图（实施程序）。实施路线图中包含合同类型、BIM交付要求、信息基础设施情况、团队的使用标准等。

（2）BIM应用流程有两个层次：第1级是总体流程，说明在一个建设项目里面计划实施的不同BIM应用之间的关系，包括在这个过程中主要的信息交换要求；第2级是详细流程，应列出每项BIM应用实施的步骤及顺序，包括每个过程的责任方、参考信息的内容和每一个过程中创建和共享的信息交换要求。

（3）建立项目BIM应用总体流程（图3.2），具体方法如下。

将每一项可能的BIM应用填入BIM总体流程，有些BIM应用可能在流程的多处出现（例如项目的每个阶段都要进行设计建模）。

在BIM总体流程中根据项目阶段流程排列BIM应用的顺序。

列出每个实施步骤的责任方，当一个实施步骤需要多个责任方，需要清晰列出各自负责的具体内容，包括实施步骤所需要输入的信息以及实施步骤所输出的信息。详细流程应达到第2级的要求，可能多个实施步骤使用同一个详细路线图，如工程造价在方案设计阶段、施工图设计阶段、深化设计及施工阶段所使用的详细路线图是同一个。

图3.2　项目BIM应用总体流程基本单元

（4）确定每一项BIM应用所需的信息交换模式，包括团队之间信息交换模式及各团队与中心数据库之间的信息交换模式。总体流程包括过程内部、过程之间以及成员之间的关键信息交换内容，重要的是要包含从一个参与方向另一个参与方进行传递的信息。图3.3是一个BIM体流程的例子。

（5）制订BIM应用详细路线图。在完成BIM总图后，必须为每一项BIM应用制订详细路线图。本指南所推荐的详细路线图模板仅供参考，需要根据具体项目和团队情况进行调整。一个详细BIM应用路线图包括以下三方面内容。

① 信息资源：实施BIM应用所需的企业内外信息资源。

② 实施模式：实施BIM应用所涉及的系列活动按逻辑关系组成实施模式。

③ 信息交换：BIM交付成果是由各个BIM应用阶段（过程）所产生的信息资源。

（6）项目团队需按以下程序制订详细路线图。

① 将BIM应用按照层级关系分解成一系列过程（活动）。确定过程的核心内容，在BPMN中以矩形符号表示，在路线图中按逻辑关系排放。

② 确定过程之间的从属关系。从属关系确定了过程之间的联系，以带箭头的线条表示。

③ 通过以下信息将详细路线图展开。

a.相关信息：包括定额数据库、天气信息、产品数据库等。

b.信息交换：列出所有需要交换的信息。

c.负责团队：确定每一过程的负责团队。

④ 在过程的重要节点添加决断节点，见图3.4。

⑤ 对过程信息进行提炼形成文件，并进行总结。记录、审核、改进流程为将来所用，通过对实际流程和计划流程进行比较，从而改进流程为未来其他项目的BIM应用服务。图3.5为实验项目4D模型应用详细流程。

⑥ 路线图所用表达符号见表3.4。

3.2.6 信息交换模式

（1）从项目执行过程提取信息。应确定实施BIM应用所必需的模块（过程）。不是项目中的每一个元素都是被BIM创建的，而是取决于哪些元素在团队计划的BIM应用中是所必需的。这就是信息的使用决定信息的创建。上游BIM应用的输出将直接影响到下游的BIM应用，如果某个下游BIM应用需要的信息没有在上游的BIM应用中产生，那么就必须由该BIM应用的责任方创建（例如，

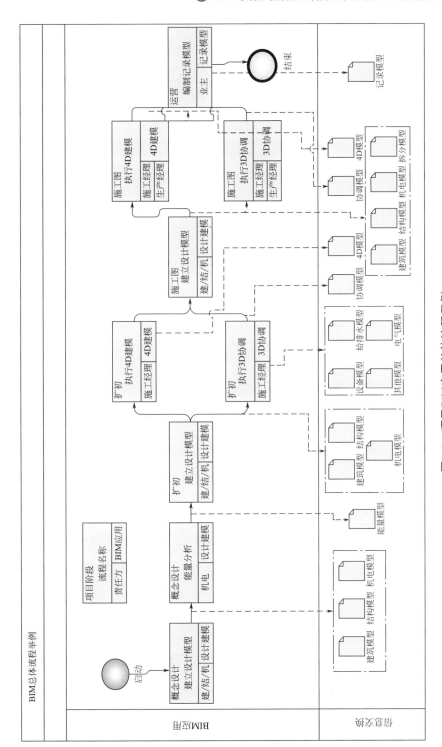

图3.3 项目BIM应用总体流程示例

注：生产经理指预制构件生产经理；施工经理指现场装配施工经理。

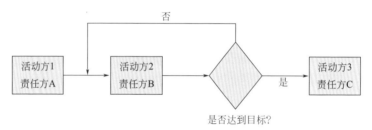

图3.4　添加决断节点模板

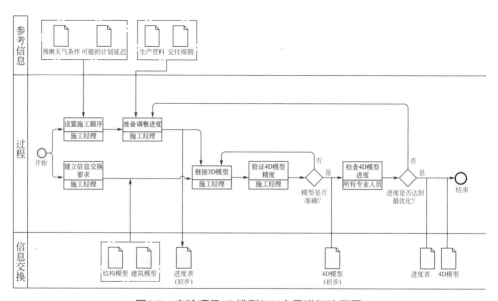

图3.5　实验项目4D模型BIM应用详细流程图

表3.4　BIM路线图表达符号

元素	说明	符号
事件	一个事件是一个过程中的业务流程。有三种类型存在：开始、中间和介绍	○
流程	一个流程是由一个矩形和实体执行的工作或互动一个通用术语组成	▭
决策框	一个决策框可以视为等同于一个决定流程图的发散和收敛的流程	◇
顺序流	顺序流是用于表示在流程中将要被执行的命令	→
信息流	信息流是用于连接信息和带有数据对象的流程	┈┈▸

续表

元素	说明	符号
池	一个池同一个图形容器一样将另外一个池的活动分开	
道	一个道是一个资源池的子分区，将会延伸到整个池横向或者竖向的长度，道是用来组织和分类活动的	
数据对象	数据对象是一个来显示数据是必需的或活动产生的，它们通过协同连接到活动流程	
组	组是一种信息的分类，这个分类不影响活动的顺序流，能够用于文件编制或者目标分析	

预制构件中预埋件信息的输入，应由拆分设计师完成，交给预制构件生产商）。因此，BIM规划团队需要决定哪些信息在什么时候应由哪个参与方创建。模型信息的传递见图3.6。

（2）信息交换工作表。在团队成员之间对传递（交换）的信息内容理解程度非常重要，尤其是对于模型的建模人员和后续的使用者之间。

① 根据第1级BIM路线图确定每一项潜在的信息交换需求。

② 选择模型拆分结构。

③ 为每一项信息交换确定信息需求。

a.模型使用者：明确每一项BIM应用的实施人，实施人负责提出模型要求。

b.模型文件类型：列出所有BIM应用所需要的建模软件及其版本。

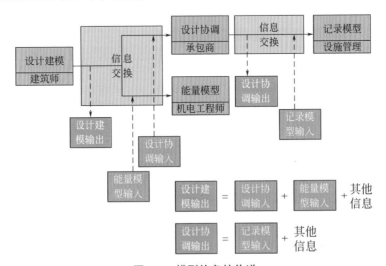

图3.6 模型信息的传递

c.模型详细程度：确定模型使用所必需的模型详细程度。

注意：不是所有模型需要的内容都能被信息和元素分解结构覆盖的，注释可以解决这个问题，注释的内容可以包括模型数据或模型技巧。

（3）确定建模团队及负责人。信息交换的每一项内容必须确定负责人，一般来说，信息的负责人应该是在信息交换时间点内最经常访问信息的项目参与方。如结构工程师是结构设计模型的负责人。

（4）对比模型建模交付标准与模型使用者的需求标准。信息交换内容确定以后，项目团队对于输出信息（创建的信息）和输入信息（需求的信息）不一致的元素需要进行专门讨论，有以下两种可能的解决方案。

① 输出方改变：改变输出信息精度，以包括输入需要的信息。

② 输入方改变：改变责任方，规定缺少的信息由实施该BIM应用的责任方自行创建。

3.2.7　确定实施BIM所需支撑条件

所谓支撑环境就是能够保障前述BIM规划能够高效实施的各类支持条件，共九类，见表3.5。

表3.5　实施BIM所需支撑环境

执行BIM项目实施规划所需要的基础设施分类
Project Goals/BIM Objectives: 项目目标/BIM目标
BIM Process Design: BIM流程设计
BIM Scope Definitions: BIM范围定义
Organizational Roles and Staffing: 组织职责和人员安排
Delivery Strategy/Contract: 实施战略/合同
Communication Procedures: 沟通程序
Technology Infrastructure Needs: 技术基础设施
Model Quality Control Procedures: 模型质量控制程序
Project Reference Information: 项目参考信息

（1）BIM项目执行计划总则。本部分需要列出制订BIM执行计划的原因、实施BIM的目的等。项目组所有成员都必须对本部分内容充分理解，才能保障BIM项目的成功实施。

（2）项目信息。审核和记录对将来工作有价值的重要项目信息，包括项目总体信息、BIM特定的合同要求和主要联系人等。包括以下几个方面：

① 项目名称、地址；

②简要项目描述；

③项目阶段和里程碑；

④合同类型；

⑤合同状态；

⑥资金状态。

（3）项目关键合同。需要业主、设计师、建造师、供应商等各项目方至少一名主要负责人，以及项目经理、BIM经理、各专业负责人、监理和其他主要相关人员参加，共同制订项目关键合同。

（4）项目BIM应用目标。以文件形式记录在项目中应用BIM的目的、原因，详细列出BIM应用的目标、BIM应用分析工作表以及其他有关BIM应用的相关信息。

相关组织的作用和职责。必须明确相关组织的作用与职责。每一项BIM应用均须明确相关组织负责的内容，包括信息交换、支撑条件等。

（5）BIM实施计划。包括BIM实施路线图，以及每一项BIM应用的详细实施计划。

（6）BIM信息交换。在整个BIM计划执行过程中，BIM团队应对所有信息交换的内容进行书面记录。信息交换需说明各专业所提供的模型、模型详细程度，以及所有对涉及项目的重要贡献。项目模型不必包含项目的所有细节，但项目团队须制订各专业提供模型的最低标准和记录各专业所做出的最大贡献。

（7）BIM及设施数据要求。一些业主会提出非常特别的BIM需求，项目团队应以原始格式记录业主的需求，并制订相应实施计划。

合作程序。BIM团队须制订电子文档和实施活动的程序，包括模型管理（如模型检查、复查程序等）、例会规定、记录文件存储等。

①合作策略：项目团队应制订合作的方式，包括交流的方式、文件管理与传送、记录存储等。

②合作活动程序：

a.明确支持BIM或由BIM支持的合作活动事项；

b.确定活动发生的阶段；

c.确定活动的合适频率；

d.确定参加每项活动的人选；

e.确定活动地点。

③模型交付时间表：

a.交换信息的名称；

b.信息交换的交付方；

c.信息交换的接收方；

d.是一次性还是定期的（具体交付时间或交付时间表）；

e.开始时间；

f.模型文件类型；

g.所用软件；

h.原始文件类型；

i.文件交换类型。

（8）模型质量控制：确定工作方法保证BIM模型的正确性和全面性。质量控制基本原则：在项目进展过程中建立起来的每一个模型都必须预先计划好模型内容、详细程度、格式、负责更新的责任方以及对所有参与方的发布等。

下面是质量控制需要完成的一些工作。

① 视觉检查：保证模型体现了设计意图，没有多余的部件。

② 碰撞检查：检查模型中不同部件之间的碰撞。

③ 标准检查：检查模型是否遵守相应的BIM和CAD标准。

④ 元素核实：保证模型中没有未定义或定义不正确的元素。

（9）技术基础条件：团队需要决定实施BIM需要的硬件、软件、空间和网络等基础设施，其他诸如团队位置（集中还是分散办公）、技术培训等事项也需要讨论。为了能够解决数据共享的问题，所有参与方对必须使用什么软件、用什么文件进行存储等达成共识。

选择软件的时候需考虑适合几类BIM应用的软件并优先考虑：

① 设计创建；

② 3D设计协调；

③ 施工模拟；

④ 成本预算；

⑤ 能量模型。

交互式工作空间：团队需要考虑一个在项目生命周期内可以使用的物理环境，用于协同、沟通和审核工作，以改进BIM规划的决策过程，包括支持团队浏览模型、互动讨论以及外地成员参与的会议系统。

（10）模型结构：明确模型结构、文件命名规则、坐标系统、模型标准等。模型创建的基本原则是BIM项目团队必须就模型的创建、组织、沟通和控制等达成共识，包括以下几个方面：

　　① 参考模型文件必须统一坐标以方便模型集成；

　　② 定义文件夹结构和模型命名规范；

　　③ 定义模型误差性和允许误差协议。

　　（11）项目交付：明确业主要求的项目交付要求。

　　（12）交付方式：如设计-施工方式、设计-投标-施工方式等。

3.3　BIM项目经理职责

3.3.1　BIM项目经理应制定"工程项目BIM执行计划"，包括BIM目标、BIM执行路线图、BIM信息交换标准、BIM项目执行所需支持的条件等，其中应记录有关如何在项目中实施和使用BIM的关键内容，以确定该工程项目的关键任务、输出成果和模型配置。

3.3.2　在整个项目执行期间，BIM项目经理应根据项目进展随时更新"工程项目BIM执行计划"。

3.3.3　BIM项目经理应确保所有本项目的利益相关者（内部和外部）的工作都符合"工程项BIM执行计划"。

3.3.4　为了贯彻"工程项目BIM执行计划"，BIM项目经理应协调或确定适当水平的人员进行培训。

3.3.5　BIM项目经理应在规则制定、模型设置和维护方面发挥领导作用。

3.4　图纸输出

3.4.1　各专业设计人员应根据图纸的用途来确定图纸中包含的信息，避免多余信息。注意：在预制构件深化图纸中应保证信息完整。

3.4.2　为了最大限度地提高效率，应在不损害品质和完整性的情况下尽可能降低模型详细度。

3.4.3　构件深化图纸数量多，应以合乎逻辑的方式对其进行组织。

3.4.4　在整个项目设计过程中，须避免视图重复，以保持其完整性。

3.4.5　应尽可能减少图纸数量及详图数量，避免重复性绘制详图。

装配式混凝土结构工程项目BIM应用流程

4.1 新建项目各阶段BIM如何应用

4.1.1 宜在新建项目的各阶段均应用BIM技术，以达到最大化利用BIM模型，均摊BIM建模过程中的人工成本。

4.1.2 为满足项目建设过程中各阶段、各专业的协同及模型流转，要考虑所应用BIM软件间的交互性、兼容性，避免重复建模。

4.1.3 整体设计阶段。建筑专业基于概念设计交付方案并考虑装配式拆分体系、预制及施工要求进行设计准备，并提供给结构专业与机电专业人员。之后所有专业开展基于BIM模型的方案设计、初步设计、施工图设计工作。在此过程中，各专业内部及专业间将基于统一的BIM模型完成所需的综合协调，BIM模型以及通过BIM模型及生成的二维视图将同时交付及归档。

4.1.4 拆分设计阶段。将调整好的BIM模型以每层为单位进行拆分，应考虑构件制作、运输、吊装施工等因素。

4.1.5 深化设计阶段。深化设计阶段是装配式结构建筑实现过程中的重要一环，起到承上启下的作用。通过深化阶段的实施，将建筑各个要素进一步细化成单个的，包含钢筋、预埋的线盒、线管和设备等全部设计信息的构件。

利用BIM平台对模型进行碰撞检测，分两个部分。

第一阶段，首先进行构件间的碰撞检测：主要是竖向连接钢筋与对应的套筒空腔，水平连接钢筋，叠合板侧胡子筋和墙柱梁构件的竖向钢筋碰撞，构件间管线的连接点是否一致，建筑外饰层间的防水构造是否搭接可靠等。

第二阶段，构件内部的碰撞检测，钢筋之间的碰撞，钢筋与预埋件间的碰撞，钢筋与管线盒间的碰撞等；此时，应尽量调整水平和竖向连接筋以外的配件。

根据检测结果对各个要素进行调整，进一步完善各要素之间的关系，并利用BIM模型直接出构件深化详图，图纸应包括构件尺寸图、预埋定位图、材料清单表、构件三维视图等。

4.1.6 生产阶段。生产管理人员根据BIM构件模型的材料归类整合信息，实现与财务系统的对读，精确控制物料的统计、归类、采购和用量。根据工厂设备条件利用BIM模型设计模具，根据BIM模型三维可视结合CAD图纸指导工人施工、下料、组装。

4.1.7 施工阶段。利用 BIM 技术模拟施工过程，确定场地平面布置、制定施工方案、确定吊装顺序，进而决定预制构件的生产顺序、运输顺序、构件堆放场地等，实现施工周期的可视化模拟和可视化管理，为各参建方提供一个通畅、直观的协同工作平台，业主可以随时了解、监督施工进度并降低建筑的建造和管理的成本。

4.1.8 维护阶段。建筑内部的构件移位，或者对管线进行更新、更改都可以实现及时准确的在BIM模型里得到反馈，有助于为之后的再次修改调整提供指导，也可以为运维人员提供可视化的图纸指导。

4.2 BIM 构件库的组建

4.2.1 根据标准化设计，利用BIM技术建立装配式户型库和装配式构件产品库，可以使预制装配式建筑户型标准化，构件规格化，减少设计错误，提高出图效率，尤其在预制构件的加工和现场安装上大大提高了工作效率。

4.2.2 模型库的创建者应包含设计企业、预制构件（组件）生产企业和装配施工企业，以确保模型与实际预制构件（组件）一致，满足装配施工要求。

4.2.3 构件分类命名是构件入库和检索的基础，是构件库建设的重要内容。为了构件库使用方便，且易于扩充和维护，模型库中的所有构件（组件）按照统一规则进行命名[参见本指南第8.6条"装配式结构构件（组件）库模型命名"]。

4.2.4 模型库中应包含建筑、结构、机电（水、暖、电）等类型的模型集，各模型集中的每种模型元组件，一般最多可分为四个等级，满足不同项目阶段对模型深度的要求（列举三个等级见图4.1）。

（1）第1等级元组件——概念

① 简单的空间定位图元，只包含尽量少的细节，能够辨认即可，如任意类型的墙体。

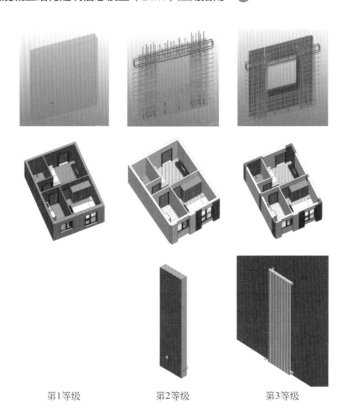

第1等级　　　　　　第2等级　　　　　　第3等级

图4.1　元组件分级示意图

② 粗略的尺寸。

③ 不必包含制造商信息和技术性的资料。

④ 使用统一的材质来表达即可：如"概念-白"或者"概念-墙体"。

（2）第2等级元组件——定义

① 包含所有相关的诠释资料与技术性信息，建模详细度足以辨别出实物的类型及元组件材质。

② 一般已包含到2D层次的细节，可用于产出合适比例的平面图（达到施工图设计要求）。

③ 足以满足大多数工程项目要求。

（3）第3等级元组件——深化设计

① 包含深化设计阶段对施工工程有用的所有制造和组装细节。

② 所包含的细节也可以表现在2D图纸中，达到细部设计阶段的建模深度。

③ 对于装配式结构中的预制构件（组件），要求达到预制工厂生产和施工安装的设计深度要求。如预制混凝土结构外墙需要对预埋钢筋、管线和预留洞口

进行详细表达。

④ 对于结构构件（组件），使用 Tekla 平台进行建模的效果更好。

（4）第4等级元组件——维护

① 对第3等级元组件在施工过程中进行更新，与实际竣工建筑一致。

② 包含维护阶段所需的各种信息，如生产厂家、生产日期、操作与维修手册等。

4.2.5 构件库应随标准化户型的增多、建模软件版本的不断升级而随时更新维护。

4.3 基于BIM的装配式住宅标准化设计

4.3.1 装配式住宅标准化设计——建筑

户型组合设计是装配式住宅设计中最典型的设计手法（户型组合设计流程见图4.2）。所谓户型组合就是要提炼具有足够典型性的户型，再灵活多样地组合成各种建筑。"标准化"要求提炼的户型尽可能的"少"，而"多样化"则要求组合成各种建筑。

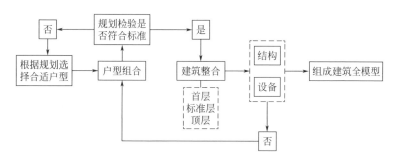

图4.2 户型组合设计流程图

户型组合策略产生的体系是由若干个模块（子系统）部件所构成，是以向下的形式分解成基本功能模块，把模块系统划分为不同的类型，由功能模块组合成户型。这些由基层子模块来决定上层模块的组合类型，模块的层次越低，模块的结构和形式就越简单，其具有通用化、统一化、标准化的特点。

因此，根据标准化设计，利用BIM技术建立两个级别的装配式建筑户型模型库。

一级建筑模型（图4.3只具有几何属性，使用统一的材质表达）。

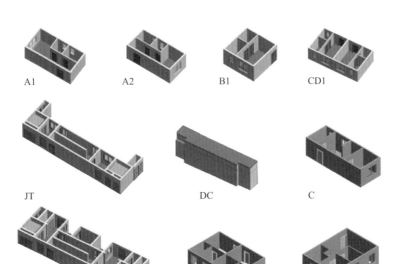

图4.3　一级建筑模型图

二级建筑模型（图4.4具有非几何属性，包含所有相关的诠释资料与技术性信息，建模详细度足以辨别出实物的类型及元组件材质）。

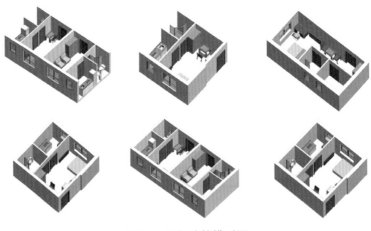

图4.4　二级建筑模型图

（1）挑选基本户型。建筑设计师根据设计的具体要求，在一级模型库中选择信息相对应的模型。例如在进行公租房设计时，主要户型的类型是单间配套、一室一厅、二室一厅和三室一厅，而面积范围为30～80m²。

因此通过一级模型的几何信息，可以选择图4.5中符合要求的几种户型。

名称	编号	参数	说明	图例
A1	JZ	一卧一厨一卫 26.64m² (7400mm×3600mm×2850mm)	单一户型	
A2	JZ	一卧一厨一卫 26.64m² (7400mm×3600mm×2850mm)	单一户型	
B1	JZ	一卧一厨一卫 24.5m² (5000mm×4900mm×2850mm)	单一户型	
B2	JZ	一卧一厨一卫 24.5m² (5000mm×4900mm×2850mm)	单一户型	
CD1	JZ	C1户型 一卧一厨一卫 24.5m² (5000mm×4900mm×2850mm) D1户型 一卧一厨一卫 24.5m² (5000mm×4900mm×2850mm)	组合户型	

名称	编号	参数	说明	图例
A	JZ	一卧一厨一卫 31.68m² (4800mm×5600mm×3000mm)	组合户型	
B1	JZ	二卧二厨一卫 45.36m² (5600mm×6600mm×3000mm)	单一户型	
B2	JZ	二卧二厨一卫 45.36m² (5600mm×6600mm×3000mm)	单一户型	
B3	JZ	二卧二厨一卫 46.17m² (5700mm×6600mm×3000mm)	单一户型	
B4	JZ	二卧二厨一卫 46.17m² (5700mm×6600mm×3000mm)	单一户型	
C1	JZ	一卧一厨一卫 38.44m² (3800mm×10400mm×3000mm)	单一户型	

图4.5 备选建筑户型图

（2）户型组合设计方法。户型间的组合设计是指，将设计师选择的户型，通过能够传递户型功能的结构接口组成建筑单元。建筑系统是构件经过有机整合而构成的一个有序的整体，其中的各个户型既具有相对的独立功能，相互之间又有一定的联系，户型之间把这个共享的构件就称之为"接口"，它的作用不仅是建筑系统中的一部分，而且是户型之间进行串、并联设计的媒介，组合成为一个完整的建筑模型。

户型间的组合设计主要是解决接口的有关问题，接口根据构件的共享部位可以分为重合接口和连接接口两类。重合接口是指共享界面的构件是重合的，连接接口是指协同共享的构件没有重合，需要外部构件将其连接在一块的。

一级户型库（图4.6）都是完整户型，所以在接口处墙体会发生重合现象。在建筑户型间重合的部分主要有内墙、内隔墙。

因此，进入二级模型库，每个一级模型都对应几个不完整的二级模型，根据具体的拼接方式选择合适的二级模型（图4.7）。

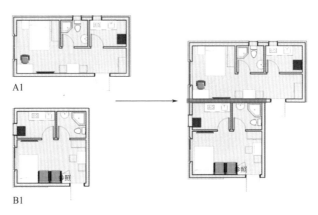

图4.6　一级户型间的组合设计图

图4.7　二级户型间的组合设计图

如果在二级模型中没有合适的，即在重合处删除其中一面墙即可。

（3）建筑层设计。建筑层的设计是完成层内部功能的完整，将辅助功能内的附属构件进行补充，保证层内建筑、结构及设备专业之间协调设计的准确性。建筑层设计是指设计师完成的户型间设计通过添加其他附属构件组成建筑层的设计过程。一般建筑分为地下室、首层、标准层、设备层、顶层等，建筑层是由建筑户型及附属构件组合而成，也是建筑系统重要的一部分。一个完整的建筑标准层应包含户型、楼梯间、电梯间、前室、走廊、空调板、水暖井等，另外还包括其他非标准构件。

例如，要新建的工程项目是十八层剪力墙体系，由各类户型、楼梯间、电梯间等组件模型及各类构件模型构成首层建筑模型、标准层建筑模型和顶层建筑模型，由三种层项目模型构建成18层剪力墙体系项目模型。建筑模型模块化设计以户型为基本单元，设计师依据设计方案，新建标高、轴网并锁定，保存为建筑模块化项目样板。

① 创建首层建筑模型。设计师由选定的户型模块组装项目首层，将组件模型及构件模型从模型库载入到项目中。首层建筑模型包括A1、A2、B1-01、B2-01，CD1、CD2-01、CD3、首层楼梯间、走廊模型等，如图4.8所示。

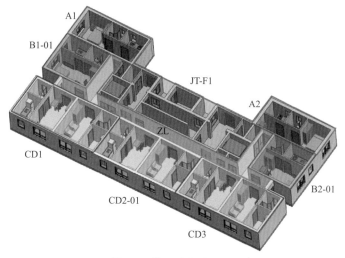

图4.8 首层建筑模型图

② 创建标准层建筑模型。标准层建筑模型包括A1、A2、B1-01、B2-01，CD1、CD2-01、CD3、标准层楼梯间、走廊模型等，如图4.9所示。

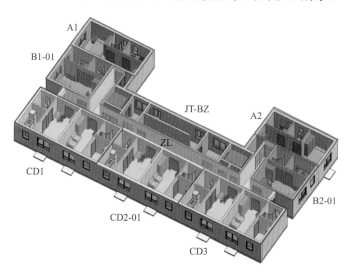

图4.9 标准层建筑模型图

③ 从模型库里选择合适的建筑顶层模型（图4.10）。

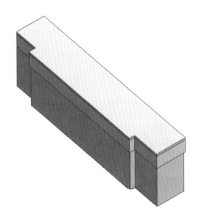

图4.10　顶层建筑模型图

④ 建筑整体设计。将首层、标准层和顶层通过链接应用到新建项目中，通过复制重组形成基础建筑模型，如图4.11所示。

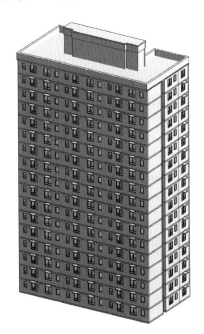

图4.11　基础建筑模型图

根据具体设计，再对建筑外墙进行构件布置（功能/装饰），装饰后的建筑模型图如图4.12所示。

图4.12　装饰后建筑模型图

4.3.2　根据建筑专业提交的初步设计条件模型，从结构专业户型库中选取与之（建筑条件）相匹配的结构专业模型，并完成整体建筑结构的拼接创建。

将创建好的结构初步设计模型，通过BIM建模软件（Revit Structure）中的外部接口程序，导入到结构分析计算软件中进行结构整体性能分析。若分析计算结果符合国家规范的规定，且计算得到的配筋结果与选定的结构构件的配筋信息相匹配，则可在此模型基础上完成后续工作，如在结构模型上添加配筋信息，需完成多专业协同设计（碰撞检测），4D施工模拟等。

若配筋结果不匹配，则从结构构件模型库中重新选择构件，对模型进行修改，再重复进行结构计算的工作，直至完成计算，得到匹配的结构专业模型。

参考项目建筑模型选取对应户型、楼梯间、电梯间等结构组件模型及板、梁等结构构件模型。结构模型同样由首层、标准层和顶层等三种模型组成。

将组装好的结构模型，导入结构计算软件中，根据不同地区场地条件、地震设防烈度、层数等重新计算。若通过计算且无需改变结构构件尺寸，只需根据计算得出的结构配筋率在构件库中选取相应构件，其对应的BIM模型、二维图纸及相关信息可直接用于设计、生产、施工等环节。

若组装好的结构模型不能满足结构计算要求，则根据实际情况对结构模型尺寸进行微调，如墙厚、梁高等，此时若构件库中未含相应尺寸模型，则应建立新的结构模型组件及构件，并对应修改建筑模型，最后纳入构件库中。结构标准化设计流程图见图4.13。

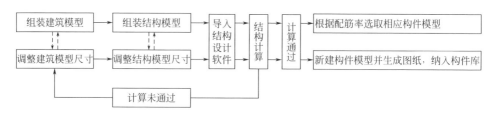

图4.13 结构标准化设计流程图

4.3.3 装配式住宅标准化设计——MEP

MEP模型的建立是应基于建筑模型的基础之上进行。建筑户型不同的组合会造就不同的MEP模型方案。具体设计流程图见图4.14。

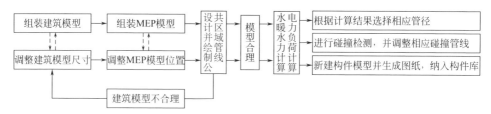

图4.14 机电标准化设计流程图

（1）挑选对应建筑户型MEP模型。根据标准化设计，利用BIM技术建立MEP-采暖系统及给排水系统模型库，如图4.15～图4.17所示。

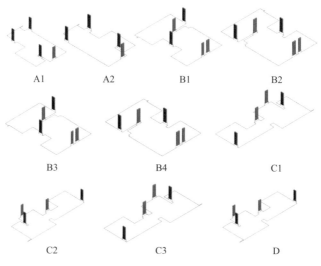

图4.15 采暖系统模型图

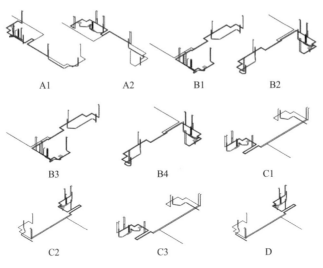

A1　　　　　A2　　　　　B1　　　　　B2

B3　　　　　B4　　　　　C1

C2　　　　　C3　　　　　D

图4.16　给排水系统模型图一

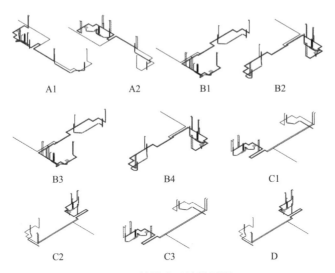

A1　　　　　A2　　　　　B1　　　　　B2

B3　　　　　B4　　　　　C1

C2　　　　　C3　　　　　D

图4.17　给排水系统模型图二

　　根据建筑模型的户型组合,选择相应的MEP模型,将其载入到建筑模型中,同时调整构件位置,使与其户型相对应(图4.18)。

　　根据卫生器具的位置,将给排水管道连接上。

　　(2)公共区域管线的设计。在完成基本户型内MEP模型的基础上,根据具体情况设计相应公共区域的模型,如图4.19所示。水暖主要包括消火栓系统的设计，以及从水暖管井引出的各入户管道的走向的确定；电气主要包括从强弱电管井引出的各入户管道的走向的确定。

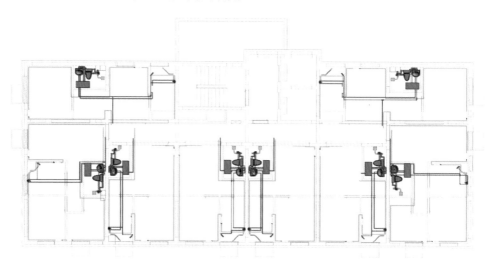

图4.18　载入MEP模型户型模型图

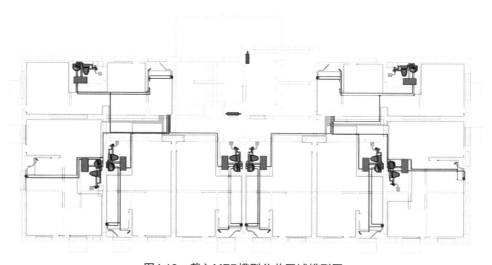

图4.19　载入MEP模型公共区域模型图

如果建筑模型不合理，例如，水暖井、强弱电井位置不合适，消火栓无合理安装位置等，需要返回建筑模型，对相应建筑模型进行调整。如果建筑模型合理，则通过计算软件对所建模型进行计算，包括水暖管线的水力计算以及电力负荷计算。

（3）碰撞检查修改。利用 BIM 技术对所建模型进行管线碰撞检查，管线碰撞应遵循有压管让无压管，小管线让大管线，施工容易的避让施工难度大的原则进行调整。碰撞检查图如图 4.20 所示。

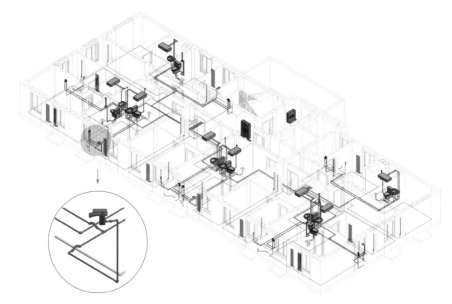

图 4.20　碰撞检查图

4.3.4　将选定的构件拼装，进行碰撞检测，不发生碰撞的构件可直接利用模型库中对应构件模型及其深化设计详图及材料表，发生碰撞构件根据实际情况微调 BIM 模型，单独出具 BIM 深化详图及材料表，并将其列入构件库。

4.4　预制构件的选择

4.4.1　预制构件组成的是构件库，其实质是模块化的建筑设计，每个预制构件为不重复的模块。

4.4.2　模块化是在传统设计基础上发展起来的一种新的设计思想，现已成为一种新技术被广泛应用，尤其是在信息时代的今天，建筑行业的发展也是不断推陈出新，模块化设计的建筑正在不断涌现。而模块化设计原理是在通用化、系列化、组合化等标准基础上引入系统工程原理而发展起来的一种标准化的高级形式，如图 4.21 所示。

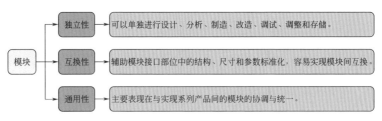

图4.21 模块

4.4.3 由模块组成户型，由户型组成标准层，再根据建筑总层数，不同地区场地条件、地震设防烈度等进行整体模型的组装，产业化流程如图4.22所示。

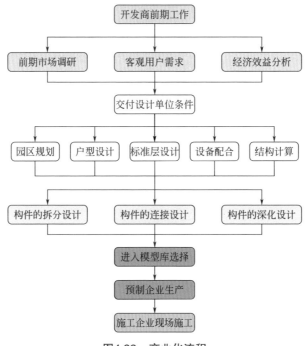

图4.22 产业化流程

4.4.4 由设计单位进行整楼模型的构件拆分，同时必须符合相应的连接方式，比如套筒灌浆连接、约束浆锚连接、金属波纹管等。拆分时应充分考虑到经济效应，尽量使构件重复率高，不同构件类型要少，减少模具套数的使用。

4.4.5 项目主要分为五个阶段：第一个阶段主要是进行建筑场地勘测分析，划定好功能分区选择模数尺寸。第二个阶段是方案的设计，分析后进行材料的选择。第三个阶段是对材料进行模数化定制设计后，提交工厂生产与精细化。第四个阶段是材料生产完成后，建筑师和施工人员一起进行建筑物的安装。第五个阶段是项目完善。

4.4.6 建筑模块化设计方法是以建筑功能形式为特定对象系统的构成，而不是研究解决多种的具体问题。

4.4.7 模块化在建筑设计中的主要方法是运用系统的分解和组合，即怎样产生模块、怎样将其组合成功能体系、怎样分解，这都是模块化建筑的核心问题。

4.4.8 模块化在建筑设计的运用中是一个动态的表现过程，而非孤立、静止的，事物在生命周期结束前将一直处于修改、更新状态，并不断应用于各个模型库。

4.4.9 在建筑设计中，模块化的设计强调对各类功能空间进行类型划分，将相同功能的空间组织在各单元户型内，通过单元模块化集成的组合方式实现建筑从单元到整体的转变。使生产建筑如同批量生产汽车，强调空间使用的标准化、资源配置的集约化以及各类管线和设备的集中布置。

5 BIM协同设计信息共享

5.1 公共信息环境（CDE）

5.1.1　公共信息环境（CDE）是一种在项目团队的所有成员之间维持共享信息的方法。

5.1.2　公共信息环境（CDE）包含如图5.1所示的四个阶段。

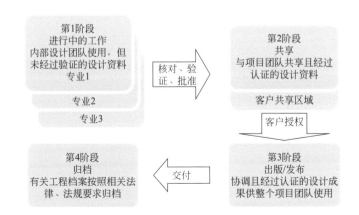

图5.1　公共信息环境（CDE）的四个阶段

5.2 CDE第1阶段：进行中的工作（WIP）

5.2.1　WIP模型档案应由每个小组分别创建，并且仅包含本方负责的部分。

5.2.2　在工程项目的档案系统中，应为每个小组划分各自的WIP区域，以便分别存储和处理WIP模型档案。

5.3 CDE第2阶段：信息共享

5.3.1 为了实现协调、高效的工作，各方应使其设计资料能够通过信息共享的资料库或切换式通讯协定，以整个工程项目团队都能接受的方式提供存取。

5.3.2 各方的设计资料应存放在中心文件中，并复制到各方的项目文件夹的信息共享区域中。

5.3.3 只需将"适于协同设计"的BIM档案发送到信息共享区域。

5.3.4 应定时提供模型信息分享，以便其他专业的团队能够依据"工程项目BIM执行计划"文件要求使用经过校核的最新模型信息。

5.3.5 模型档案应与经过校核的2D设计图纸档案一起发布，以便最大限度降低沟通中的错误风险。

5.3.6 由外部单位正式提供的资料应存储在项目中心文件中，以便在整个工程项目中共享。

5.3.7 根据"工程项目BIM执行计划"文件中的要求，当项目中心文件有变更时，应及时通过工程设计图发布变更记录或通过适当的通知方式发送给项目团队。

5.3.8 跨专业存取WIP模型信息，需要对信息进行审查验证。当项目工期紧张时，可以采用以下两种方式之一。

（1）通过"临时信息共享区域（TSA）"方式存取，当模型变更时，允许一定程度上的非正式沟通，以避免使用频繁变化中的信息，临时信息共享区域位于WIP的WIP_TSA信息存储区之下。本条方式存在中等风险。

（2）直接存取WIP信息。此模式所相互参照的信息是动态的，处于不稳定设计变更中，也没有通知或延时，存在高风险，只适合在内部多专业设计时使用。

5.4 CDE第3阶段：图文档案的发布与管理

5.4.1 项目发布的经过正式审查的2D格式图纸，应存储在文件夹结构的发布区域中。

5.4.2 必须遵循本项目制定的"图文档案管理"机制来控制图文档案的发布与修订。

5.4.3 必须为所有发布的内容存储一份记录，无论是软拷贝或是硬拷贝。

5.4.4 BIM中的信息应具有内在关联关系，一个视图中的变更可能影响其他视图。因此，对于BIM档案应当以无法修改的方式进行信息共享，直至将它们转换成无法编辑的格式，并脱离BIM环境为止。

5.4.5　在设计内容被修改之后，仅需要重新发布那些有必要修订的图纸。

5.5　CDE第4阶段：归档

5.5.1　所有由BIM输出的档案归档，都应存储在此工程项目文件夹中，其中包括发布、修改和竣工的工程图及信息。

5.5.2　在设计流程的每个关键阶段，都应当把BIM信息的完整版本和相关模型、图纸等交付标的，复制到一个归档位置进行存储。

5.5.3　归档的信息存放在合理的、清晰标明归档状态的文件夹中，例如：09-12-11 Stage D Design。

5.6　验　证

5.6.1　从BIM产出的图纸应以DWF、PDF或其他事先选择的不可编辑的格式发布，并以处理传统文件的流程对其进行校对、审查、发布和归档。

5.6.2　在信息提供共享之前，应对BIM模型信息进行检验，并应核对下列事项。

（1）所有图框和无关的视图应从BIM中移除。

（2）模型归档需经过审查、清理和压缩。

（3）归档格式和命名规则需符合该项目"资料交换"的协议。

（4）项目资料拆分的方式需达成高度共识。

（5）确保模型档案是最新的，其中包含所有参与者的本地端修改。

（6）模型档案应与中心档案分离。

（7）所有相关连接的参照档案必须被移除，而载入模型档案所需的所有其他相关资料必须完整、独立可被读取。

（8）通过目视检查确保模型已正确组装完成。

（9）自上次以来的所有变更均已传送给工程项目团队。

5.7　资料安全与存储

5.7.1　所有BIM项目资料应存放在项目服务器上，并对其进行定期备份。

5.7.2 项目人员应在获得授权许可后方能存取项目服务器上的BIM项目资料。

5.7.3 Revit备份的最大数量应设为3。

5.7.4 Revit"本地端"档案应至少每隔一小时回存至中心文件一次。

5.7.5 Revit自动存储的提示间隔应设为30分钟。

5.7.6 在范本档案中应包含一个"起始页"视图。在存储档案时，使用者应打开"起始页"视图，并关闭所有其他视图，以提高档案打开的效率。

5.8 项目问题记录与解决机制

5.8.1 对于协同作业校审过程中发现的协调冲突，应进行记录和管理。这些问题应以报告的形式传送给本项目利益相关人员，其中至少包含以下内容。

（1）任何冲突的具体位置（尽可能提供2D和3D影像）。

（2）发生问题的图元ID值。

（3）描述问题的纲要，以及内容的详细说明。

（4）被交叉参照引用的共享信息的详细日期、修订、原始出处。

（5）建议采取的解决方案和措施，以及建议者姓名和提出建议的日期。

（6）此问题的记录者信息，以及此信息和解决方案的发布清单。

（7）确认此解决方案已在模型中经过测试。

（8）问题的状态（等待回应、回应逾期、回应有误、完成）。

5.8.2 收到"回应有误"的问题应重新记录为新问题，以避免就该问题是否解决出现混淆，并将原始问题记录转到新的问题编号。

5.8.3 应在工程项目协调会议上讨论未解决的问题。在大型工程项目中使用Navisworks来进行这项工作是非常有效的。

5.8.4 未经培训的使用者不应直接打开Revit模型。可以考虑把模型导出（发布）成3D之DWF格式，并使用免费的Autodesk Design Review或BIMsight等软件进行查询和注解。

交互操作性

6.1 介 绍

不同软件产品之间的资料交互操作性，对于BIM项目能否成功具有关键性影响。无论是输出到2D的DWG格式的施工图，还是输出作为3D分析，创建BIM的方式和事前准备工作，都将影响到该模型信息能否成功被其他软件继续使用。

6.2 管理从外部汇入的CAD/BIM资料

6.2.1 所有汇入的CAD/BIM资料都应依据项目的资料管理准则，详细记录下来。

6.2.2 应当在工程项目的"汇入"子资料夹中，以其原始格式，存储一份汇入的CAD/BIM资料副本。

6.2.3 BIM的项目协调人应预先检查汇入的资料是否适用，然后才能将其放到项目的"共享"区域提供信息共享。

6.2.4 应尽量避免对汇入的CAD/BIM资料进行修改，除非汇入的资料格式有问题，导致设计无法继续进行。且应在经过BIM项目协调人批准后，才可进行修改。

6.2.5 应在汇入或开发BIM模型之前对资料进行清理，以除去所有无关或冗余资料，因为这些资料有可能会影响BIM资料库的稳定性。

6.2.6 在汇入之前，可能需要将CAD资料移至坐标原点（0，0，0）。

6.2.7 在清理档案时，所产出的变更应完整记录在"工程项目的BIM执行计划"中。

6.2.8 清理后资料的负责人应由原作者变为清理者。如果清理后的资料适合在整个工程项目范围内提供共享，则可将其存储在"共享"区域中；若不然，则将这些资料存储在清理方的WIP区域。

6.2.9 资料修改者应负责确保清理后的资料为最新资料。

6.3　以适用为主的建模

BIM资料应以："适得其用"为原则进行准备，充分考虑接受方软件的要求，以确保用于交换的资料是无误、可靠的。

例如：连接到分析计算的软件或GIS软件。

示例：在对结构框架进行建模时，一些分析软件可能会要求柱子模型在每个楼层都必须分段切开，即使这些柱子实际在长度上连续的。

6.4　不同软件之间的资料传递

在不同套装软件之间进行资料传递之前，应先执行以下工作。

6.4.1　首先应了解指定要传递的软/硬件系统的要求和限制，以便能够恰当地准备需要交换的BIM资料。

6.4.2　应该以整个团队都能接受的形式输出2D结果，合理地遵循工程项目的CAD标准，并让他人能够轻松地处理档案中的资料，例如：改变图层。

6.4.3　应使用范例资料进行测试，检验不同软/硬件系统之间的资料交换方式，以确保交换过程保持资料的完整性。

6.4.4　在输出到CAD时，应配合使用合适的输出图层表。

模型拆分（工作集和连接）

7.1 一般性原则

7.1.1 在BIM的工作环境中，要操作协同作业流程可能有很多种方式，本指南所述的工作实践、团队管理和技术解决方案只是其中一种。

7.1.2 本指南所介绍针对BIM模型进行拆分的原则，其主要目的在于以下几点。

（1）提供多使用者进行存取。

（2）考虑大型工程项目的操作效率。

（3）为不同专业间的协同作业能顺利推动着想。

7.1.3 本指南所涉及的Revit术语工作集（Worksets）和连接（Linking）在本条中统称为"模型拆分"。模型拆分的作业应遵循以下几项基本原则。

（1）模型拆分时采用的方法应考虑到参与建模的所有内部和外部项目团队，并获得一致共识。

（2）依照第7章所述的建模方法，模型在最初应创建为独立的单一使用者档案。随着模型的规模不断增大或设计团队成员增加，应对模型进行拆分。

（3）一个档案中仅能包含一个建筑单体。

（4）一个模型档案应仅包含来自一个项目的资料。

（5）根据硬件设定，可能需要对模型进行进一步的拆分，以确保运行的性能［一个基本原则是，对于大于50M的档案都应进行检查，考虑是否可能进行进一步拆分。理论上，一个档案的大小不应超过100M；对于包含超过300份图纸（图面）的单一工程项目，其"与中心同步"的性能将会大幅下降］。

（6）为了避免重复或协调错误，应在项目执行期间明确规定并记录每部分资料的负责人。但随着工程项目的进行，图元负责人是有可能改变的——这一点应在"工程项目的BIM执行策略"文件中明确记录。

（7）如果一个工程项目中要包含多个模型，就应考虑创建一个"模型容器"

档案，其作用就是将多个模型组合在一起，供协调/冲突检测时使用。

（8）表7.1为模型资料拆分的范例。

表7.1 模型拆分范例

专业（连接）	拆分（连接或工作集）
建筑	依照一个楼层或一组楼层拆分
结构	依主要几何形体拆分，例如：东翼或西翼
机械装置	依施工节点，例如：大型基座或塔台
电气	依工作套组和工作阶段
土木	图档套集
	工作分配，例如：核心筒、外围和室内

7.2 工作集

7.2.1 应用"工作集"的机制，可容许多位使用者通过一个"中心"档案和各自同步的"本地端"副本，同时处理一个模型档案。倘若合理地使用，则工作集机制可大幅提高大型、多使用者工程项目的运作效率。

（1）每个工程项目都应适当地建立必要的工作集，并把相关图元指定到必要的工作集中。可以逐个指定，也可以依照品种、位置、任务分配等属性进行批量制定。

（2）为了提高硬件运作效能，通常应考虑仅打开必要的工作集。如果在打开的工作集中对某些图元进行变更，即使这些图元也被包含在其他关闭中的工作集，当模型进行重新产出(regeneration)的操作后，Revit也会自动更新关闭的工作集中的图元。

（3）一旦建立一个新工作集，应依据第8.4节的规定在档案名称后面添加-CENTRAL或-LOCAL尾码。

（4）应通过Windows档案总管的功能，在中心模型Revit软件中打开中心档案再进行"另存为"的方式产生副本。

警告！在副本创建后，绝不可直接打开或编辑"中心"档案。所有要进行的操作都可以通过、也必须通过本地端档案来执行。

（5）在2010版及后续版本中，使用者已可通过自动化功能产生一个本地端档案，以降低意外打开"中心"档案的可能性。

7.2.2 拆分。

（1）应以合理的方式分配工作集，使设计团队中的成员能够很容易地配合进行模型的建模工作，而无需借助说明文件。

（2）应将工程项目的模型拆分为足够多的工作集，以避免工作过程中发生"塞车"。这一点也有助于对模型运作效率进行充分的控制。

（3）BIM项目经理应决定要如何将模型拆分为工作集。

（4）BIM项目经理应有效管理借用许可权和工作集所有权。

（5）应依照第8.5节所规定的命名规则对工作集进行命名。

7.2.3　多使用者项目的存储。

（1）所有团队成员应至少每隔一小时就要将模型"回存到中心"。

（2）BIM项目经理应预先给每名团队成员分配一个唯一的时间段，用于"回存到中心"。以避免硬件设施在多名使用者同时回存模型档案时造成拥塞而死机。

（3）可使用"Worksharing Monitor"工具（附注：只提供给Revit Subscription使用者）来协调管控团队之间的"回存到中心"命令。

（4）在"回存到中心"过程中，使用者不应离开电脑，以便及时解决可能出现的问题，避免延误其他成员的工作。

7.2.4　借用或工作集授权。

（1）在利用工作集进行模型档案的多使用者协同作业时，可使用两种方法设置操作许可权，以便让多名使用者能够通过工作集修改模型档案："借用图元"和"工作集授权"。通常采用"借用"方式，但在以下情况，应采用"授权"方式。

① 限制某一个使用者只能存取建筑中的某个特定部分。

② 使用者必须在网络离线的场所中进行操作时——但此时需要非常谨慎，以确保该使用者仅存取其"被授权"的工作集。

③ 在一个网络带宽很慢或是远端登录模式的网络中进行协同工作时。

（2）在实务上，"图元借用"可采用以下形式。

① 多名使用者相互独立地处理一个单使用者档案。

② 通过对中心档案的即时连接，申请修改图元的许可权（可能被授予也可能被拒绝）。

③ 在"回存到中心"过程中，所有通过这种方式分配的修改许可权都会被收回。

（3）"工作集授权"可采用以下形式。

① 一名使用者获得整个工作集的所有权。

② 可在本地端档案中修改本工作集中的任何图元，无需询问中心档案。

7.3 档案连接

7.3.1 通过"连接"机制，使用者可以在模型中引用更多的几何图形和资料作为外部参照。连接的资料可以是一个工程项目的其他部分（有时整个工程项目太大，无法放到单一档案中管理），也可以是来自另一个项目团队或外部公司的资料。

7.3.2 有时，工程项目需要将单一建筑模型拆分为多个档案，并连接在一起，以保持每个模型档案的容量较小，易于管理。对于一些大型工程项目，甚至可能永远不会将所有连接模型组合在一起。这种情况下，可根据不同的目的而使用不同的容器档案，每个容器只包含其中的一部分模型。单一专业连接的档案应满足以下要求。

（1）在拆分模型时，应考虑到任务如何分配，尽量减少使用者在不同模型之间切换。

（2）划分方法应由首席建筑师/工程师与BIM项目经理共同决定。

（3）应在"工程项目的BIM执行计划"文件中确定模型拆分的方式和时间。

（4）在复制模型之前，应在开放空间中使用模型线创建十字丝标记，以后可利用这些标记作为快速检查工具，确保连接的子模型是正确对应的。

（5）在首次将多个模型连接到一起时，应采用"原点对原点"的插入机制。

（6）在与团队其他成员共享切割和连接的模型之前：

① 应使用Revit中的"共享坐标"工具定义工程项目中某一点的真实世界坐标，并将其发布到所有连接的模型。

② 应重新打开每个子模型，并采用"通过共享坐标"插入方法连接其他子模型。

③ 正确建立"正北"和"工程项目指北"之间的关系。

（7）在将一个档案拆分为多个子模型时，应遵循以下工作流（图7.1）。

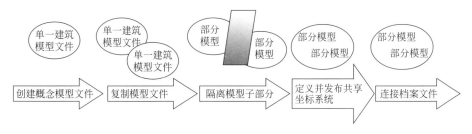

图7.1 多个子模型工作流

7.3.3 参与工程项目的每个专业（无论是内部还是外部团队）都应拥有自己的模型，并对自己模型的内容负责。一个专业团队可以连接另一个专业团队的共享模型作为参考。跨专业连接的模型应满足以下要求。

（1）应在BIM项目发展之初就针对共享坐标和"工程项目指北"达成共识并记录在案。未经BIM项目经理批准，不得修改这些资料。

（2）应在"工程项目的BIM执行策略"文件中完整记录所有与专业相关的详细需求，例如：建筑楼板面楼层和结构楼板面楼层之间的差别。

（3）Revit中的"复制/监视"工具仅用于复制和关联"楼层高"和"平面网络"。

（4）除非已经充分理解了"复制/监视"工具的限制（例如：某些图元的创建和更新不会反映在监视流程中），否则不得将其应用于其他类型的元组件。

（5）应随着工程项目的不断推进，合理地流通和追踪图元的负责人（例如：楼层可能由建筑专业成员所创建，但之后就交给结构团队成员用于创建部分承重结构）。

（6）每个专业的团队成员都应该认识到，参照的资料是从原作者自身的角度创建的，因而如果要将其用于其他目的，就可能缺乏某些需要的信息。在这种情况下，所有项目利益相关者在BIM经理的指导下召开会议，讨论是否需要对图元的拥有权进行调整，以补充必要的信息。

（7）如果一个专业为另一个合作的专业开发一个"起始模型"（例如：需要建筑师在建筑模型之上为结构创建起始模型），那么应单独创建此模型，再将其关联进来。然后将本起始模型交给合作专业，后者随即拥有本模型的所有权。该合作专业应打开起始模型，并通过共享坐标把原创作专业的模型连接进来作为参考。

（8）在为设施设备专业成员创建模型时，多个专业可能在一个模型中进行协同作业，因为有时一个设施设备可能同时被多个专业使用。在这种情况下，可通过多种不同方式拆分模型。在为特定工程项目制定策略时，应向BIM协调人咨询。

文件夹结构与模型命名规则

8.1 介 绍

在企业（咨询公司或设计事务所）内部，应建立中心资源文件夹，以存储企业共享资料。同时，每个工程项目均应创建项目文件夹，以存储项目本身的资料。本章定义了项目档案系统和中心资源库中存储BIM资料的方法，以及与BIM工作相关的命名规范。

8.2 项目文件夹结构

8.2.1 根据"进行中的作业（WIP）""共享（Shared）""发布（Published）"和"归档（Archived）"划分原则，设置项目的文件夹结构，并在规定的文件夹中存储资料。

8.2.2 如果一个项目包含有多个独立元件（例如多个建筑物、园区、区域），应在一系列子文件夹中分别存储各个元件的BIM资料。

8.2.3 所有工程资料（除了中心档案被本地端所拷贝的档案以外）均应采取标准的项目文件夹结构，存储在中心网络服务器（或适当的档案管理系统中）。这里包括所有WIP元组件。

8.2.4 中心资源文件夹结构包括：标准范本（Templayes）、标题列（Titleblocks）、族群（Families）和其他（Standards）与工程项目不相关的通用规范资料，都应存储在服务器的企业中心资源库中，且应实施严格的权限管理。中心资源文件夹结构示例如下。

　　-▢<服务器名称>\资源\Autodesk_Revit

　　　+▢ 标题列

+☐ 标准范本

+☐ 族群

+☐ 其他

8.2.5　本地端项目文件夹结构：中心工程项目模型的本地端副本是不需要进行备份的，因为它会与中心模型经常保持同步状态。本地端副本应依照以下文件夹结构存储在使用者的硬盘上（不要存储在"我的文档"中）。

-D:\　　　　　　　　　　　　[标准本地磁盘]

　-☐ BIM_项目　　　　　　　[本地Revit项目存储]

　-☐ <项目名称>　　　　　　[项目名称]

8.2.6　项目文件夹结构范例。在文件夹命名时应避免名称中间添加空格，以防止对某些档案管理工具盒在网络进行协同作业时的存取动作造成影响。

下面的文件夹结构是一个范例，其设计方式符合以上标准的规定。

　　　-☐ [项目文件夹]

　　-☐ BIM　　　　　　　　　[BIM数据库]

　　-☐ 01-WIP　　　　　　　[WIP数据库]

　　　-☐ CAD数据　　　　　　[CAD文件（包括修改的文件）]

　　　-☐ BIM模型　　　　　　[设计模型（包括修改的模型）]

　　　-☐ 视图文件　　　　　　[dwg格式]

　　　-☐ 输出　　　　　　　　[输出数据文件，如gbXML格式]

　　　-☐ 族群　　　　　　　　[本项目使用的构件（组件）]

　　　-☐ WIP_TSA　　　　　　[WIP临时共享区（TSA）]

　　-☐ 02_共享数据　　　　　[不断变化中的共享数据]

　　　-☐ CAD数据　　　　　　[CAD文件]

　　　-☐ BIM模型　　　　　　[设计模型]

　　　-☐ 共享坐标模型　　　　[共享坐标的链接模型集]

　　-☐ 03_发布　　　　　　　[发布的数据]

　　　+☐ 年月日_描述　　　　[模型样品报送文件夹]

　　　+☐ 年月日_描述　　　　[模型样品报送文件夹]

　　-☐ 04_存档　　　　　　　[存档数据库]

　　　+☐ 年月日_描述　　　　[存档文件夹]

　　　+☐ 年月日_描述　　　　[存档文件夹]

　　-☐ 05_输入数据　　　　　[输入数据文件夹]

　　　-☐ 原始数据　　　　　　[原始数据文件夹]

```
        +☐ 年月日_描述              [输入数据文件夹]
        +☐ 原始数据                [原始数据文件夹]
     -☐ 06_资源                   [项目支持文件]
        +☐ 标题列                 [标题文件夹]
        +☐ 日志                   [项目日志]
        +☐ 其他                   [与工程项目不相关的通用
                                        规范资料]

           -☐ 公用租赁用房
            -☐ 建筑信息模型
              +☐ 01-设计文件
              +☐ 02-共享文件
              +☐ 03-出图文件
              +☐ 04-归档文件
               ☐ 05-输入文件
               ☐ 06-资料文件
```

8.2.7 元组件库的子文件夹。所有存储族群元组件档案的位置应依以下方式进行划分。

```
      -☐ 族群                     [存储在不同位置]
       +☐ 2012                   [软件版本]
       -☐ 2013                   [软件版本]
            -☐ 建筑                [建筑构件（组件）]
       -☐ 结构                    [结构构件（组件）]
       -☐ 设备                    [设备构件（组件）]
       -☐ 通用                   [不属于特定专业的构件（组件）]
       -☐ Autodesk_Metric_Library

                                 [软件默认提供的构件（组件）]
       -☐ 材料库                  [文字库或图像输出材料库]
       -☐ WIP_TSA                [WIP临时共享区（TSA）]
```

随着软件功能的需要，可以在各专业文件夹下进一步添加新的子文件夹。

（1）建筑族群

```
        —☐ 建筑
          —☐ 案例
          —☐ 棚顶
          —☐ 柱
          —☐ 窗帘板上的一些图案
```

— 🗀 窗帘_墙板_板

— 🗀 详图组

— 🗀 门

— 🗀 电气固定设备

— 🗀 周围环境

— 🗀 楼板

— 🗀 家具

— 🗀 模型类型

— 🗀 灯光设备

— 🗀 大型元素

— 🗀 植被

— 🗀 固定排水设备

— 🗀 轮廓

— 🗀 族

— 🗀 屋面/屋顶

— 🗀 场地

— 🗀 特殊设备

— 🗀 楼梯与栏杆

— 🗀 栏杆柱

— 🗀 可持续性设计

— 🗀 墙

— 🗀 窗

（2）MEP水暖电族群

🗀 MEP

🗀 电气设备

🗀 给排水消防管道

🗀 火灾保护

🗀 机械设备

🗀 可持续设计

🗀 其他设备

🗀 天花板

🗀 通风空调管道

🗀 外轮廓

（3）结构族群

- 📁 结构
  - 📁 边界条件
  - 📁 柱
  - 📁 连接形式
  - 📁 楼板
  - 📁 基础
  - 📁 框架
  - 📁 通用模型
  - 📁 截面形式
  - 📁 钢筋形式
  - 📁 挡土墙
  - 📁 楼盖
  - 📁 特殊设备
  - 📁 加强筋/加劲肋
  - 📁 支撑/桁架
  - 📁 墙

（4）通用族特有规范元组件

- 📁 通用
  - 📁 注释　　　　　　　[标签和符号]
  - 📁 标题栏　　　　　　[框架族]

8.3　模型命名公约

8.3.1　所有字段命名仅可使用A～Z字母、连字符号、下划线和0～9数字。

8.3.2　所有字段名称应通过一个连字符"-"隔开，不可使用空格。

8.3.3　在一个字段里面，可使用大小写字母的方式或下划线"＿"来隔开字元，不可使用空格。

8.3.4　使用半型符号"."来隔开档案名称和副档案名称，档案名称内的其他符号都不得再使用"."。

8.3.5　档案的副档案名不得被修改或删除。

8.3.6　如果这个档案不具体指定某一分区或分级，需使用"XX"标示。

8.3.7 工程项目开始时，应会同所有本项目相关从业人员针对分区/楼层划分原则的计划达成一致共识，并在"工程项目的BIM执行策略"文件中明文规定。

8.4 模型档案命名规则

模型档案命名共7个字段，见表8.1。

表8.1 模型档案字段

1	2	3	4	5	6	7
工程项目	创建者	分区/系统	标高	类型	角色	描述

8.4.1 字段1：工程项目，建议使用3个字元，用来识别工程项目的缩略代码或数字。

8.4.2 字段2：创建者，建议使用3个字元，用来识别创建者的缩略代码。

8.4.3 字段3：分区/系统，建议使用2个字元，用来识别模型档案与工程项目有关的哪个建筑、地域、阶段或与分区的关系（如果此工程项目有依分区进一步拆分的情况）。

8.4.4 字段4：标高，建议使用2个字元，如果工程项目依楼层进一步拆分，用来识别模型档案与哪个楼层（或一组楼层）的关系。

8.4.5 字段5：类型，建议使用2个字元，文件类型，可用"M3"表示3D模型档案。

8.4.6 字段6：角色，建议使用2个字元，专业识别码可以根据项目具体情况由设计单位自行决定。

8.4.7 字段7：描述，描述性字段，用来说明档案中的内容。应避免与其他字段重复。此信息可用于解释前面的字段，或进一步说明所包含的资料的其他信息，如本地端/中心（使用工作集时的强制要求）。对于有使用工作集的档案，应在档案名称的末尾添加"-LOCAL"或"-CENTRAL"见表8.2。

表8.2 模型文件名示例

模型文件名	描述
37232-AAA-Z6-01-M3-ST-Main_Model-LOCAL.rvt	项目代号37232，分区6、标高1的结构工程图——用户本地文件
FTR-ACM-XX-XX-M3-ST-School_Stage_E.rvt	学校项目的结构模型，处在阶段E，并且没有按分区或标高细分
102-ACM-Z1-XX-M3-ME-School.rvt	项目代号102、分区1、所有标高的暖通模型

8.5 工作集命名

8.5.1 所有工作集均应依照统一和合乎逻辑的方式来命名，以方便在工程项目中提供检索。

注意：创建工作集后，应在每处（除"家具"以外）都勾选上"所有视图中均支持"选项。此后不能再变更此项设置。

（1）字段1：分区（可选）

可将较大的项目横向划分为若干分区，或纵向划分标高，而且在工作集命名中应可识别出这一信息。

（2）字段2：内容

工作集内容的描述；可在较小的项目中单独使用，或在较大的项目中与"分区"和"标高"之一（或二者）结合使用。一般为以下条目之一（表8.3）。工作集名称示例见表8.4。

表8.3 工作集条目

天花板	天花板和附加组件
核心	建筑核心元组件
家具	家具和设备
室内	内墙和门
外围	外墙和开口
楼板	水平对象（包括屋顶）
通行	楼梯、坡道和平台
结构	结构板和柱

表8.4 工作集名称示例

工作集名称	范例应用场景
L01 –Model	按标高拆分项目
L01_14-Internals	所有标高的内部布局
East_Lv126-Partitions	超大型项目拆分为若干分区、标高和系统
Core	小项目，所有核心平面楼层
East-Cores	大型项目，所有核心平面楼层

8.5.2 未使用工作集时

根据Revit软件的标准特性，一些图元不需要明确定义工作集。

    ◦   轴网   已包括在共享标高和轴网中。

    ◦   面积   仅用于视图基本属性，无需工作集。

    ◦   注释   仅用于视图基本属性，无需工作集。

8.6 装配式结构构件（组件）库模型命名

8.6.1　构件（组件）库中所有构件（组件）均应依照统一和合乎逻辑的方式来命名，以方便在工程项目中提供检索。

8.6.2　构件（组件）模型名称由两部分组成，第一部分为构件（组件）代号（参见附录），第二部分为构件（组件）属性代码，第一部分的代号与第二部分的代码之间用短横线"–"连接。

8.6.3　构件（组件）属性代码根据建筑、结构、暖通、给排水、电气等属性构成，各属性代号见表8.5。

表8.5　构件（组件）属性代号

属性	建筑	结构	暖通	给排水	电气
代号	JZ	JG	N	S	D

8.6.4　构件（组件）属性代号后面是根据本属性对构件（组件）的位数为2~5位的分类号码。

8.6.5　构件（组件）不涉及某一属性时，一律在属性代号后添加"00"。示例如下。

　　构件（组件）模型命名如下：叠合板可命名为"0102-JZ12345JG12345"。

 工程项目BIM执行计划

A.1 总 则

A.1.1 确定BIM在项目计划、设计、施工、运营各阶段的应用价值。通过各专业协同提高设计质量，在设计阶段进行碰撞检查，提高施工效率，有助于创新设计等。

A.1.2 通过制定工程项目BIM执行计划确定BIM执行路线图。

A.1.3 通过制定工程项目BIM执行计划明确BIM信息交换标准，如模型内容，详细程度，负责人等。

A.1.4 通过制定工程项目BIM执行计划确定BIM项目执行所需的各种支持条件。

A.1.5 需要注意：有工程示例表明，BIM项目执行不好，有可能会出现增大设计成本、延长设计周期等问题，达不到预期的效果。因此，需要在项目开始前认真制定好BIM项目执行计划，并严格执行。

A.2 BIM执行计划总论

A.2.1 为了使BIM与项目进行有效融合，实现BIM应用价值，BIM团队制定一个详细的BIM执行计划至关重要。BIM执行计划包含团队在整个项目执行过程中的所有细节。BIM执行计划应在项目的早期阶段制定，并随着项目进行不断进行修订，以达到监控、提升、满足项目各阶段应用需求的目的。BIM执行计划应明确项目的BIM应用范围，制定BIM任务流程，定义信息交换标准，描述项目要求及为企业应用BIM能够提供的支撑条件。

通过执行BIM计划，项目及团队成员能够实现如下价值。

（1）所有成员能够对BIM项目执行的目标有清晰的理解，并可以进行相互

交流。

（2）团队成员能够理解他们在项目执行中的作用和职责。

（3）团队制定的执行程序能够适合所有成员的实际情况和工作流程。

（4）BIM计划将列出成功执行所需要的资源条件、培训需求等，以保证计划顺利执行。

（5）计划能够为后续加入项目的人员提供一个标准样本。

（6）计划能够为所有项目参与人员完成其职责提供合同依据。

（7）能够为评判项目执行目标实现程度提供衡量指标，降低项目执行风险。

A.2.2　BIM计划执行程序

为保障一个BIM项目的高效和成功实施，相应的实施计划需要包括BIM项目的目标、流程、信息交换要求和基础设施系四个部分，图A.1是典型的BIM项目实施规划制定程序。

图A.1　BIM计划执行程序

第一步：定义BIM目标和应用。BIM目标分为项目目标和公司目标两类，项目目标包括缩短工期、更高的现场生产效率、通过工厂制造提升质量、为项目运营获取重要信息等；公司目标包括业主通过样板项目描述设计、施工、运营之间的信息交换，设计机构获取高效使用数字化设计工具的经验等。目标明确以后，才能决定要完成一些什么任务（应用）去实现这个目标，这些BIM应用包括创建BIM设计模型、4D模拟、成本预算、空间管理等。BIM计划通过不同的BIM应用对该建设项目的利益贡献进行分析和排序，最后确定本计划要实施的BIM应用（任务）。

第二步：设计BIM项目实施流程。BIM项目实施流程分为整体流程和详细流程两个层面。整体流程确定上述不同BIM应用之间的顺序和相互关系，使得所有团队成员都清楚他们的工作流程和其他团队成员工作流程之间的关系。详细流程描述一个或几个参与方完成某一个特定任务（例如能源分析）的流程。

第三步：制定信息交换要求。定义不同参与方之间的信息交换要求，特别是每一个信息交换的信息创建者和信息接受者之间必须非常清楚信息交换的内容。

第四步：确定实施上述BIM计划所需要的基础设施，包括交付成果的结构和合同语言、沟通程序、技术架构、质量控制程序等，以保证BIM模型的质量。

A.2.3　BIM计划应当包括以下14条信息。

（1）BIM项目执行计划总论：说明制订执行计划的原因。

（2）项目信息：项目编号、项目位置、项目描述、重要时间节点。

（3）项目关键合同。

（4）项目BIM应用目标：BIM应用价值、项目组制订的项目对BIM应用的特殊要求等。

（5）项目组的作用和职责：主要是确定BIM计划共享坐标、项目执行各阶段计划。

（6）BIM设计程序：本部分要详细说明BIM计划路线图的执行程序。

（7）BIM信息交换：详细制订模型质量要求、详细程度（级别），必须清晰明确提出要求。

（8）BIM数据要求：必须明确业主的要求。

（9）合作程序：必须明确提出团队合作程序，包括模型管理程序（文件结构、命名规则、文件权限管理等），以及典型会议日程和程序等。

（10）模型质量控制程序：保证整个项目所用参与人员应当达到的标准以及监控程序。

（11）技术基础条件要求：执行项目所需的硬件、软件、网络环境等。

（12）模型结构：明确模型结构、文件命名规则、坐标系统、模型标准等。

（13）项目交付：明确业主要求的项目交付要求。

（14）交付方式：如设计-施工方式、设计-投标-施工方式等。

A.2.4　如果考虑BIM跨越建设项目各个阶段的全生命周期使用，那么就应该在该建设项目的早期成立BIM项目计划领导小组，小组成员包括：业主代表、设计师、施工代表、工程师、专项部分施工代表等。

A.2.5　为了成功执行BIM计划，所有成员必须进行全面合作。执行计划中应制订会议计划日程。一个项目至少要2～3个会议，第一次会议需要所有参与方的主要负责人参加，以后的会议需要的人数较少，只需具体执行人员参加。

A.3　明确BIM应用目标

A.3.1　要确定合适的BIM应用目标必须考虑项目特点、参与人员的目的和能力，以及实施风险等因素。每一个应用目标应当满足整个项目的效益之一（缩短项目工期、降低项目成本、提高工程质量等）。如通过节能分析降低项目能耗，通过精细的3D模型及坐标系统提供高质量的施工图纸，通过精确施工模拟提高施工质量等。其他目标有应用模型高效率生产图纸、文件等，随时快速给出造价信息，减少项目维护阶段数据输入工作量等。

A.3.2　本指南总结了目前BIM的多种不同应用（如表A.1所示），表中BIM应用按照建设项目从规划、设计、施工到运营的各个阶段按时间组织，有些应用会跨越不同阶段（例如3D协调），有些应用则局限在某一个阶段内（例如结构分析）。BIM团队可以根据建设项目的实际情况从中选择计划要实施的BIM应用。

表A.1　目前BIM的多种不同应用

规划	设计	施工	运营
现状建模			
成本预算			
阶段规划			
规划文本编制			
场地分析			
	设计方案论证		
	设计建模		
	能量分析		
	结构分析		
	日照分析		
	设备分析		
	其他分析		
	评估		
	规范验证		
		3D协调	
		预制构件（组件）建模	
		场地使用规划	
		施工系统设计及施工过程模拟分析	
		数字化加工	
		三维控制和规划	
			记录模型
			维护计划
			建筑系统分析
			资产管理
主要BIM应用			空间管理/追踪
次要BIM应用			灾害规划

A.3.3　实施BIM应用之前，规划团队要确定合适的BIM目标，这些目标必须考虑项目特点、参与人员的目的和能力以及实施风险等因素。

A.3.4　BIM目标分为两种类型，第一类与整体项目表现有关，包括缩短项目工期、降低项目成本、提高工程质量等。例如，通过节能分析降低项目能耗，通过精细的3D模型提供高质量的施工图纸，通过精确施工模拟提高施工质量等。第二类目标与具体任务的效率有关，包括有应用BIM模型高效率绘制施工图、随时快速做出造价信息，减少项目维护阶段数据输入的工作量等。

A.3.5　有些BIM目标对应于某一个BIM应用，也有一些BIM目标可能需要若干个BIM应用来帮助完成。在定义BIM目标的过程中，可以用优先级表示某个BIM目标对该建设项目设计、施工、运营成功的重要性。表A.2是一个实验室项目定义BIM目标的案例。

表A.2　一个实验室项目定义的BIM目标

优先级（1～3）	BIM目标描述	可能的BIM应用
1-最重要	增值目标	
2	提升现场生产效率	设计审查，3D协调
3	提升设计效率	设计审查，设计建模，3D协调
1	为物业运营准备精确3D记录模型	记录模型，3D协调
1	提升可持续目标的效率	工程分析，LEED评估
2	施工进度跟踪	4D模型
3	定义跟阶段规划相关的问题	4D模型
1	审查设计进度	设计检查
1	快速评估设计变更引起的成本变化	成本预算
2	消除现场冲突	3D协调

A.3.6　使用信息是创建信息的前提。目标不同，其重要性可能不同，如：采用预制装配式结构施工提高生产效率，3D模型坐标系统及施工前空间碰撞检查的重要性就高。成功实施BIM应用最关键的是团队成员能够理解其所创建的模型在未来的应用目标。BIM是建设项目信息和模型的集成表达，BIM实施的成功与否，不但取决于某一个BIM应用对建设项目带来的生产效率的提高，而且更取决于该BIM应用建立的BIM信息在建设项目整个生命周期中被其他BIM应用重复利用的利用率。换言之，为了保证BIM实施的成功，项目团队必须清楚他们建立的BIM信息未来的用途。例如，建筑师在建筑模型中增加一个墙体，这个墙体可能包括材料数量、热工性能、声学性能和结构性能等，建筑师需要知道将

来这些信息是否有用以及会被如何使用？数据在未来使用的可能性和使用方法将直接影响模型的建立同时涉及数据精度的质量控制等过程。通过定义BIM的后续应用，项目团队就可以掌握未来会被重复利用的项目信息，以及主要的项目信息交换要求，从而最终确定与该建设项目相适应的BIM应用。

A.3.7 BIM应用使用工作表来规范工作程序（工作表示例见表A.3）。

（1）确定潜在的BIM应用。

（2）确定每一项潜在BIM应用的负责人。

（3）按以下条款记录（评价）每一项目BIM应用负责人（团队）的能力。

① 资源：确定负责团队是否具有实现BIM应用的必备资源，包括BIM技术人员、软件、软件使用培训、硬件、IT支持。

② 能力：确定团队是否具有成功实施BIM应用的操作能力，项目团队应该掌握实施BIM应用的所有细节及实施路线（实施方案）。

③ 经验：确定团队是否具有实施BIM应用的经验，实施BIM应用经验对于成功实现BIM应用目标至关重要。

（4）确定每一项应用的潜在价值和风险。项目团队应当考虑到在实施每一项BIM应用时可能获得的潜在价值和发生的风险，并将其列入工作表的备注一栏中。

（5）决定每一项BIM应用是否付诸实施。项目团队应当讨论每一项BIM应用的细节，并根据项目特点和自身情况决定每项BIM应用是否适合实施。对每一项BIM应用进行经济比较，并充分考虑实施的风险。

表A.3 BIM应用工作表示例

BIM应用	对项目的价值	负责人	对负责人的价值	能力评价			实施BIM应用所需资源/能力	备注	后续应用
	高/中/低		高/中/低	1～3(1最低)					是/否/可能
				资源	能力	经验			
现状建模	高	设计方	中	3	3	3			是
		施工方	中	2	2	2	需要培训及软件		
		维护方	高	1	2	1	需要培训及软件		
成本预算	中	施工方	高	2	1	1			否
4D模拟	高	施工方	高	3	2	2	需要最新软件培训	对业主具有很高价值	是
3D协调（施工）	高	施工方	高	3	3	3			是
		分包方	高	1	3	3			
		设计方	中	2	3	3			

续表

BIM应用	对项目的价值	负责人	对负责人的价值	能力评价			实施BIM应用所需资源/能力	备注	后续应用
工程分析	高	MEP工程师	高	2	2	2			可能
		建筑师	中	2	2	2			
设计审查	中	建筑师	低	1	2	1			否
3D协调（设计）	高	建筑师	高	3	3	3			是
		MEP工程师	中	3	3	3			
		结构工程师	高	3	3	3			
维护计划	中	维护方							

A.4 制订BIM项目执行路线图

A.4.1 在明确了每一项BIM应用后，需要针对每一项BIM应用及整个项目制订具体实施路线图（实施程序）。实施路线图中包含合同类型、BIM交付要求、信息基础设施情况、团队的使用标准等。

A.4.2 BIM应用流程有两个层次：第1级是总体流程，说明在一个建设项目里面计划实施的不同BIM应用之间的关系，包括在这个过程中主要的信息交换要求；第2级是详细流程，应列出每项BIM应用实施的步骤及顺序，包括每个过程的责任方、参考信息的内容和每一个过程中创建和共享的信息交换要求。

A.4.3 建立项目BIM应用总体流程，具体方法如下。

（1）将每一项可能的BIM应用填入BIM总体流程，有些BIM应用可能在流程的多处出现（例如项目的每个阶段都要进行设计建模）。

（2）在BIM总体流程中根据项目阶段流程排列BIM应用的顺序。

（3）列出每个实施步骤的责任方，一个实施步骤需要多个责任方，需要清晰列出各负责的具体内容，包括实施步骤所需要输入的信息，以及实施步骤所输出的信息。详细流程应达到第2级的要求，可能多个实施步骤使用同一个详细路线图，如：工程造价在方案设计阶段、施工图设计阶段、深化设计及施工阶段所使用的详细路线图是同一个，如图A.2所示。

图A.2 项目BIM应用总体流程基本单元

（4）确定每一项BIM应用所需的信息交换模式，包括团队之间信息交换模式及各团队与中心数据库之间的信息交换模式。总体流程包括过程内部、过程之间以及成员之间的关键信息交换内容，重要的是要包含从一个参与方向另一个参与方进行传递的信息。图A.3是一个BIM总体流程的例子。

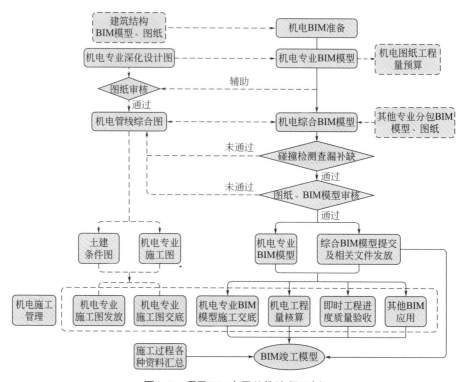

图A.3　项目BIM应用总体流程示例

A.4.4　制订BIM应用详细路线图。在完成BIM总图后，必须为每一项BIM应用制订详细路线图。本指南所推荐的详细路线图模板仅供参考，需要根据具体项目和团队情况进行调整。一个详细BIM应用路线图包括以下三方面内容。

（1）信息资源：实施BIM应用所需的企业内外信息资源。

（2）模式：实施BIM应用所涉及的系列活动按逻辑关系组成实施模式。

（3）信息交换：BIM交付成果是由各个BIM应用阶段（过程）所产生的信息资源。

A.4.5　项目团队需按以下程序制订详细路线图。

（1）将BIM应用按照层级关系分解成一系列过程（活动）。确定过程的核心内容，在BPMN中以矩形符号表示，在路线图中按逻辑关系排放。

（2）确定过程之间的从属关系。从属关系确定了过程之间的联系，以带箭头的线条表示。

（3）通过以下信息将详细路线图展开。

① 相关信息：包括定额数据库、天气信息、产品数据库等。

② 信息交换：列出所有需要交换的信息。

③ 负责团队：确定每一过程的负责团队。

（4）在过程的重要节点添加决断节点，见图A.4。

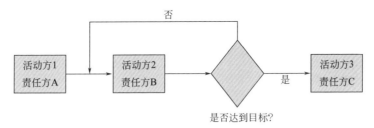

图A.4　添加决断节点模板

（5）对过程信息进行提炼形成文件，并进行总结。记录、审核、改进流程为将来所用，通过对实际流程和计划流程进行比较，从而改进流程为未来其他项目的BIM应用服务。见图A.5。

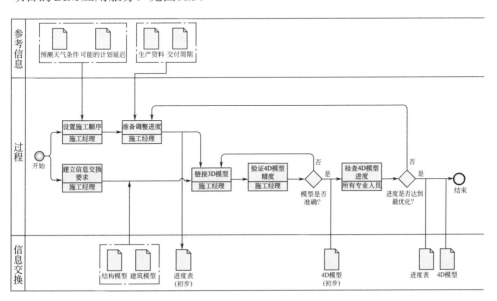

图A.5　实验项目4D模型BIM应用详细流程图

表A.4为路线图所用表达符号。

表A.4　BIM路线图表达符号

元素	说明	符号
事件	一个事件是一个过程中的业务流程。有三种类型存在：开始、中间和介绍	○
流程	一个流程是由一个矩形和实体执行的工作或互动一个通用术语组成	▭
决策框	一个决策框可以视为等同于一个决定流程图的发散和收敛的流程	◇
顺序流	顺序流是用于表示在流程中将要被执行的命令	→
信息流	信息流是用于连接信息和带有数据对象的流程	┈┈▶
池	一个池同一个图形容器一样将另外一个池的活动分开	
道	一个道是一个资源池的子分区，将会延伸到整个池横向或者竖向的长度，道是用来组织和分类活动的	
数据对象	数据对象是一个来显示数据是必需的或活动产生的，它们通过协同连接到活动流程	📄
组	组是一种信息的分类。这个分类不影响活动的顺序流，能够用于文件编制或者目标分析	

A.5　信息交换模式

A.5.1　从项目执行过程中提取信息。应确定实施BIM应用所必需的模块（过程）。不是项目中的每一个元素都是被BIM创建的，而是取决于哪些元素在团队计划的BIM应用中所必须。这就是信息的使用决定信息的创建，模型信息的传递见图A.6。上游BIM应用的输出将直接影响到下游的BIM应用，如果某个下游BIM应用需要的信息没有在上游的BIM应用中产生，那么就必须由该BIM应用的责任方创建。因此，BIM规划团队需要决定哪些信息在什么时候应由哪个参与方创建。

A.5.2　信息交换工作表

在团队成员之间对传递（交换）的信息内容理解程度非常重要，尤其是对于模型的建模人员和后续的使用者之间。

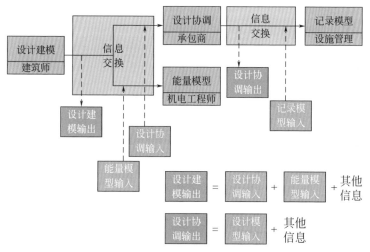

图A.6　模型信息的传递

（1）根据第1级BIM路线图确定每一项潜在的信息交换需求。

（2）选择模型拆分结构。

（3）为每一项信息交换确定信息需求。

① 模型使用者：明确每一项BIM应用的实施人，实施人负责提出模型要求。

② 模型文件类型：列出所有BIM应用所需要的建模软件及其版本。

③ 模型详细程度：确定模型使用所必需的模型详细程度。

④ 注释：不是所有模型需要的内容都能被信息和元素分解结构覆盖的，注释可以解决这个问题，注释的内容可以包括模型数据或模型技巧。

（4）确定建模团队及负责人。

（5）信息交换的每一项内容必须确定负责人，一般来说，信息的负责人应该是在信息交换时间点内最经常访问信息的项目参与方。如：结构工程师是结构设计模型的负责人。

（6）对比模型建模交付标准与模型使用者的需求标准

信息交换内容确定以后，项目团队对于输出信息（创建的信息）和输入信息

（需求的信息）不一致的元素需要进行专门讨论，有以下两种可能的解决方案。

　　① 输出方改变：改变输出信息精度，以包括输入需要的信息。

　　② 输入方改变：改变责任方，规定缺少的信息由实施该BIM应用的责任方自行创建。

A.6　确定实施BIM所需支撑条件

所谓支撑环境就是能够保障前述BIM规划能够高效实施的各类支持条件，共分为九类。

　　① Project Goals/BIM Objectives: 项目目标/BIM目标。

　　② BIM Process Design: BIM流程设计。

　　③ BIM Scope DEfinitions: BIM范围定义。

　　④ Organizational Roles and Staffing: 组织职责和人员安排。

　　⑤ Delivery Strategy/Contract: 实施战略/合同。

　　⑥ Communication Procedures: 沟通程序。

　　⑦ Technology Infrastructure Needs: 技术基础设施。

　　⑧ Model Quality Control Procedures: 模型质量控制程序。

　　⑨ Project Reference Information: 项目参考信息。

A.6.1　BIM项目执行计划总则

本部分需要列出制订BIM执行计划的原因、实施BIM的目的等。项目组所有成员都必须对本部分内容充分理解，才能保障BIM项目的成功实施。

A.6.2　项目信息

审核和记录对将来工作有价值的重要项目信息，包括项目总体信息、BIM特定的合同要求和主要联系人等。包括：① 项目名称、地址；② 简要项目描述；③ 项目阶段和里程碑；④ 合同类型；⑤ 合同状态；⑥ 资金状态。

A.6.3　项目关键合同

需要业主、设计师、建造师、供应商等各项目方至少一名主要负责人，以及项目经理、BIM经理、各专业负责人、监理和其他主要相关人员参加，共同制订项目关键合同。

A.6.4　项目BIM应用目标

以文件形式记录在项目中应用BIM的目的、原因，详细列出BIM应用的目标、BIM应用分析工作表以及其他有关BIM应用的相关信息。

A.6.5　相关组织的作用和职责

必须明确相关组织的作用与职责。每一项BIM应用均须明确相关负责的内容，包括信息交换、支撑条件等。

A.6.6　BIM实施计划

包括BIM实施路线图，以及每一项BIM应用的详细实施计划。

A.6.7　BIM信息交换

在整个BIM计划执行过程中，BIM团队应对所有信息交换的内容进行书面记录。信息交换需说明各专业所提供的模型、模型详细程度，以及任何对涉及项目的重要贡献。项目模型不必包含项目的所有细节，但项目团队须制订各专业提供模型的最低标准和记录各专业所做出的最大贡献。

A.6.8　BIM及设施数据要求

一些业主会提出非常特别的BIM需求，项目团队应以原始格式记录业主的需求并制订相应实施计划。

A.6.9　合作程序

BIM团队须制订电子文档和实施活动的程序，包括模型管理（如：模型检查、复查程序等）、例会规定、记录文件存储等。

（1）合作策略

项目团队应制订合作的方式，包括交流的方式、文件管理与传送、记录存储等。

（2）合作活动程序

① 明确支持BIM或由BIM支持的合作活动事项；

② 确定活动发生的阶段；

③ 确定活动的合适频率；

④ 确定参加每项活动的人选；

⑤ 确定活动地点。

（3）模型交付时间表

① 交换信息的名称；

② 信息交换的交付方；

③ 信息交换的接收方；

④ 是一次性还是定期的（具体交付时间或交付时间表）；

⑤ 开始时间；

⑥ 模型文件类型；

⑦ 所用软件；

⑧ 原始文件类型；

⑨ 文件交换类型。

A.6.10 模型质量控制：确定工作方法保证BIM模型的正确性和全面性。质量控制基本原则：在项目进展过程中建立起来的每一个模型都必须预先计划好模型内容、详细程度、格式、负责更新的责任方，以及对所有参与方的发布等。下面是质量控制需要完成的一些工作。

（1）视觉检查：保证模型体现了设计意图，没有多余的部件。

（2）碰撞检查：检查模型中不同部件之间的碰撞。

（3）标准检查：检查模型是否遵守相应的BIM和CAD标准。

（4）元素核实：保证模型中没有未定义或定义不正确的元素。

A.6.11 技术基础条件：团队需要决定实施BIM需要的硬件、软件、空间和网络等基础设施，其他诸如团队位置（集中还是分散办公）、技术培训等事项也需要讨论。

为了能够解决数据共享的问题，所有参与方对必须使用什么软件、用什么文件进行存储等达成共识。选择软件的时候需考虑适合几类BIM应用的软件优先考虑：①设计创建；②3D设计协调；③施工模拟；④成本预算；⑤能量模型。

交互式工作空间：团队需要考虑一个在项目生命周期内可以使用的物理环境用于协同、沟通和审核工作，以改进BIM规划的决策过程，包括支持团队浏览模型、互动讨论以及外地成员参与的会议系统。

A.6.12 模型结构：明确模型结构、文件命名规则、坐标系统、模型标准等。模型建立的基本原则是BIM项目团队必须就模型的创建、组织、沟通和控制等达成共识，包括以下几个方面：

（1）参考模型文件必须同一坐标以方便建模；

（2）定义文件架结构和模型命名规范；

（3）定义模型误差性和允许误差协议。

A.6.13　项目交付：明确业主要求的项目交付要求。

A.6.14　交付方式：如设计-施工方式、设计-投标-施工方式等。

装配式建筑BIM构件（组件）库部分模型示例

本指南开发的BIM构件（组件）模型参照《现代产业化公租房标准化设计通用图集》。

B.1 建筑组件部分模型示例

建筑组件部分二级模型示例见表B.1。

表B.1 建筑组件部分二级模型示例

名称	说明	模型示例
A1户型-左	本模型包括：装配式外墙、装配式内墙、内隔墙、楼板 尺寸：4800mm×6600mm 一室一厅一卫	
A1户型-右	本模型包括：装配式外墙、装配式内墙、内隔墙、楼板 尺寸：4800mm×6600mm 一室一厅一卫	
A2户型	本模型包括：装配式外墙、装配式内墙、内隔墙、楼板 尺寸：4800 mm×7000 mm 一室一厅一卫	

续表

名称	说明	模型示例
B1户型	本模型包括：装配式外墙、装配式内墙、内隔墙、楼板 尺寸：5600 mm×8100 mm 二室二厅一卫	
B2户型	本模型包括：装配式外墙、装配式内墙、内隔墙、楼板 尺寸：5600 mm×8100 mm 二室二厅一卫	
B3户型	本模型包括：装配式外墙、装配式内墙、内隔墙、楼板 尺寸：6600 mm×8100 mm 二室二厅一卫	
C1户型	本模型包括：装配式外墙、装配式内墙、内隔墙、楼板 尺寸：3800 mm×10400 mm 二室一厅一卫	
C2户型	本模型包括：装配式外墙、装配式内墙、内隔墙、楼板 尺寸：3800 mm×10400 mm 二室一厅一卫	
D1户型	本模型包括：装配式外墙、装配式内墙、内隔墙、楼板 尺寸：3800 mm×10400 mm 二室二厅一卫	

续表

名称	说明	模型示例
电梯间 1（标准层）	本模型包括：装配式外墙、装配式内墙、内隔墙、装配式内墙-楼梯间带保温、楼板 尺寸：4600 mm×4800 mm	
电梯间 2（首层）	本模型包括：装配式外墙、装配式内墙、内隔墙、装配式内墙-楼梯间带保温、楼板 尺寸：4600 mm×4800 mm	
楼梯间 1（12～18层）	本模型包括：装配式外墙、装配式内墙、内隔墙、装配式内墙-楼梯间带保温、整体浇筑楼梯、栏杆扶手、楼板 尺寸：3800 mm×4800 mm	
楼梯间 1（19～33层）	本模型包括：装配式外墙、装配式内墙、内隔墙、装配式内墙-楼梯间带保温、整体浇筑楼梯、楼板 尺寸：3300 mm×9600 mm	
楼梯间 2（19～33层）	本模型包括：装配式外墙、装配式内墙、内隔墙、装配式内墙-楼梯间带保温、整体浇筑楼梯、楼板 尺寸：3800 mm×9600 mm	
交通间 1（11层以下）	本模型包括：装配式外墙、装配式内墙、内隔墙、装配式内墙-楼梯间带保温、整体浇筑楼梯、楼板 尺寸：2700 mm×9600 mm	

续表

名称	说明	模型示例
交通间2 （19～33层）	本模型包括：装配式外墙、装配式内墙、内隔墙、装配式内墙-楼梯间带保温、整体浇筑楼梯、楼板 尺寸：4800 mm×13000 mm	
大厅	本模型包括：装配式外墙、楼板、坡道	
机房组	本模型包括：装配式外墙、装配式内墙、内隔墙、楼板	
女儿墙组	本模型包括：装配式外墙	

B.2　结构组件

B.2.1　组件库的构成与分类编码见表B.2。

表B.2　结构组件部分二级模型示例

名称	说明	模范示例
A1-4800×6600-左-1	本模型包括：装配式外墙、装配式内墙、内隔墙、楼板、现浇暗柱 尺寸4800mm×6600mm 一室一厅一卫	

续表

名称	说明	模范示例
A1-4800×6600-右-1	本模型包括：装配式外墙、装配式内墙、内隔墙、楼板、现浇暗柱 尺寸4800mm×6600mm 一室一厅一卫	
B1-5600×8100-1	本模型包括：装配式外墙、装配式内墙、内隔墙、楼板、现浇暗柱 尺寸5600mm×8100mm 两室二厅一卫	
C1-3800×10400-带水暖井-1	本模型包括：装配式外墙、装配式内墙、内隔墙、楼板、现浇暗柱 尺寸3800mm×10400mm 两室一厅一卫	
C1-3800×10400-带水暖井-2	本模型包括：装配式外墙、装配式内墙、内隔墙、楼板、现浇暗柱 尺寸3800mm×10400mm 两室一厅一卫	
机房组	本模型包括：装配式外墙、装配式内墙、内隔墙、楼板、现浇暗柱 尺寸3600mm×6000mm	
楼梯间1 3800×4800	本模型包括：装配式外墙、装配式内墙、内隔墙、装配式内墙-楼梯间带保温、整体浇筑楼梯、栏杆扶手、楼板、现浇暗柱 尺寸3800mm×4800mm	
电梯间1 4600×4800	装配式外墙、装配式内墙、内隔墙、装配式内墙-楼梯间带保温、楼板、现浇暗柱 尺寸4600mm×4800mm	

（1）BIM组件库内包含了所有的《现代产业化公租房标准化设计通用图集》装配式住宅的所有装配式构造楼层的所有结构组件。

（2）所有结构组件形成一个完整的结构组件库，并按照结构属性进行分类。

（3）所有结构组件都按照结构属性进行了信息化分类编码，以便于人工以及计算机的信息检索。

（4）分类编码方法如下。

① 编码在使用中全部添加一个"JG"字符，代表"结构"专业的组件。

② 编码根据构件的内容分为三或四个级别，每一级的编码为2~3个字符，第一个级别为比较大的类，第二级别比第一级别更细化，各个级别逐渐细化。

③ 编码方式如下。

"JG"+"第一级编码"+"第二级编码"+"第三级编码"+"第四级编码"

例如："墙"编码为02，"预制钢筋混凝土墙"为02，"预制钢筋混凝土外墙"为01，"第一种预制钢筋混凝土外墙"为010。第一种预制钢筋混凝土外墙YWQ-1的编号则为JG020201010。

B.2.2　组件库的使用方法

（1）根据建筑平面布局，找出合适的结构组件进行组合，组合成为一个完整的结构模型。

① 在结构组件模型的框架内建立一个结构计算模型。

② 在结构计算软件内进行结构计算，检验结构组件模型是否能够满足结构受力要求以及得出相应的结构受力信息。

（2）结构组件模型能够满足结构受力要求：根据计算得出的受力信息对结构模型进行配筋。

（3）结构组件模型不能够满足结构受力要求：与其他相关专业协调，对结构组件模型进行适当调整，直到能够满足结构受力要求，再根据调整后的结构模型以及受力信息进行配筋。

（4）最后提供的结构组件模型应能清晰地反映结构组件的拆分及组合关系，并应定义清楚结构组件的预制或者现浇属性，连同整体结构的配筋信息一同提供给深化设计人员以设计生产加工图纸。

装配式建筑BIM实施实例

本指南以现代产业化公租房标准化设计通用图集保障房为例，示范如何利用BIM组件库实现装配式模块化设计方法。依据模型深度标准，建筑模型划分为二级建筑模型和三级建筑模型，本指南以二级建筑模型创建过程为例，示范建筑模型模块化设计方法。

C.1 12～18层剪力墙体系板式建筑模块化设计方法

本案例项目是18层剪力墙体系，由各类户型、楼梯间、电梯间等组件模型及板构件模型构成首层建筑模型、标准层建筑模型和顶层建筑模型，再由三种层项目模型构建成18层剪力墙体系项目模型。建筑模型模块化设计以户型为基本单元，设计师依据设计方案，新建并锁定标高、轴网，保存为建筑模块化项目样板。

C.1.1 创建首层建筑模型

首层建筑模型包括A1-左、A1-右、B1、C1、楼梯间1、电梯间1、门厅1等组件模型及板1构件模型，如图C.1所示。

（1）选择建筑模块化样板文件来新建首层建筑模型，将A1-左、A1-右、B1、C1、楼梯间、电梯间、门厅等组件模型及楼板构件模型从模型库载入到项目中（A1-左户型和A1-右户型建筑全部对称，前者表示整体卫浴靠户型左，后者表示整体卫浴靠户型右）。

（2）设计师由选定的户型模块组装项目首层。由户型模块组装项目首层的步骤如下。

① 将所选定的户型模块B1插入到项目中，本例户型B1的外形尺寸为5600mm×8100mm，将户型模块B1内墙中心线与轴网②、ⓒ对齐放置户型模块B1模型组，并检查外墙与①、Ⓐ轴网距离是否正确，本例为100mm，如图C.2所示。

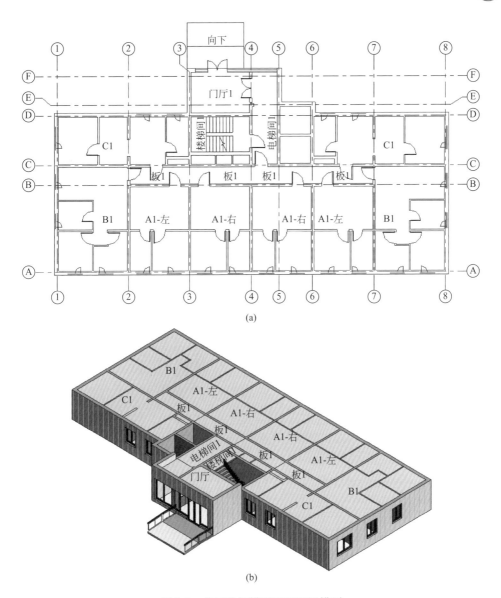

(a)

(b)

图C.1 首层建筑模型平面图及模型

② 以B1户型为基准放置A1-左户型，在放置前将与B1户型重合的构件从A1-左户型组内排除，如图C.2（a）中标注的重合墙。在Revit中选中排除对象，点击[囗]，将对象从组中排除，并检查外墙与③、⑧轴网距离是否正确，本例为100mm，如图C.3所示。

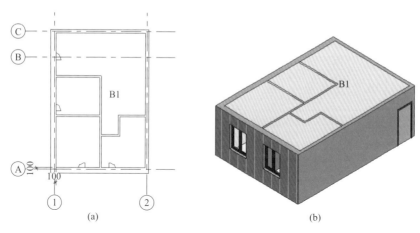

图C.2　项目首层中插入户型模块B1

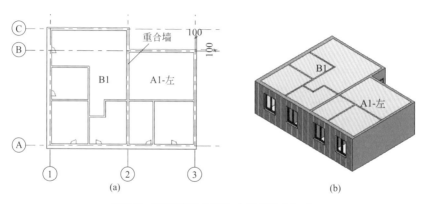

图C.3　项目首层中插入户型模块A1-左

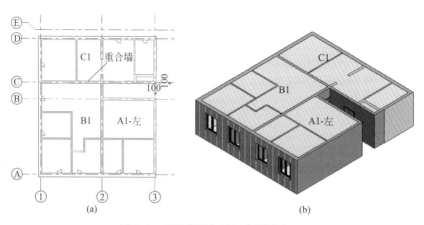

图C.4　项目首层中插入户型模块C1

③ 以B1户型为基准放置C1户型，排除图C.3（a）中标注的重合墙。以A1-左为基准放置A1-右，在A1-右中排除与A1-左重合墙，排除和检验方法同前所述，如图C.4、图C.5所示。

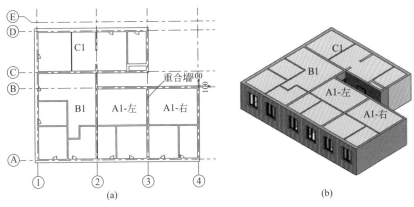

图C.5 项目首层中插入户型模块A1-右

④ 在三种基本户型的基础上完善首层其他户型。对所有户型进行镜像，排除图C.5（a）中标注的重合墙，排除和检验方法同前所述，如图C.6所示。

⑤ 根据方案放置楼梯间1，将与户型C1重合的构件在楼梯间内排除，排除和检验方法同前所述，如图C.7所示。

⑥ 将4600×4800电梯间带前室（电梯间1）、楼板-1300×4800×140-120+20和门厅组载入，排除图7中重合墙，排除和检验方法同前所述，形成首层项目平面图和模型图，如图C.8所示。保存为项目首层。

C.1.2 创建标准层建筑模型

标准层建筑模型包括A1-左、A1-右、B1、C1、楼梯间1、电梯间2等组件模型及板1构件模型，如图C.9所示。

（1）选择建筑模块化样板文件来新建标准层建筑模型，将A1-左、A1-右、B1、C1、楼梯间1、电梯间2组件模型及板1构件模型从模型库载入到项目中。

（2）设计师由选定的户型模块组装项目标准层。由户型模块组装项目标准层的第一~第四步同C.1.1创建首层建筑模型内容（2）节中①~⑥步骤。

（3）将4600mm×4800mm电梯间带前室（电梯间1）、楼板-1300×4800×140-120+20插入项目，排除图C.10（a）中标注的重合墙，排除和检验方法同前所述，形成标准层项目平面图和模型图，如图C.10所示。保存为项目标准层。

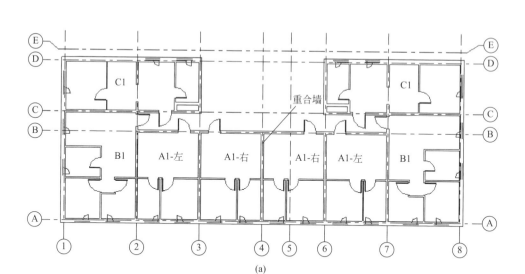

(a)

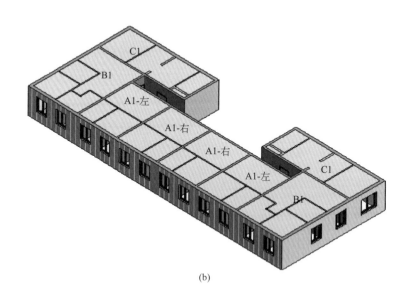

(b)

图C.6 项目首层全户型图

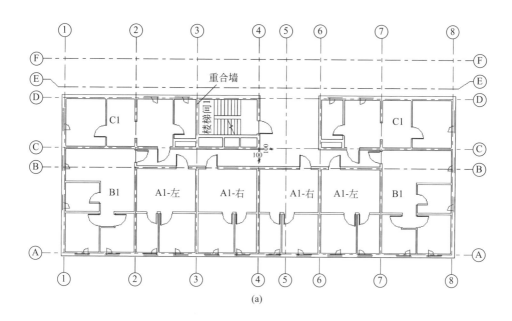

(a)

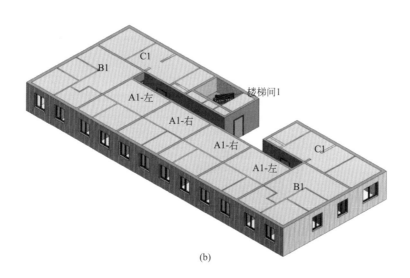

(b)

图C.7 项目首层中插入楼梯间模块

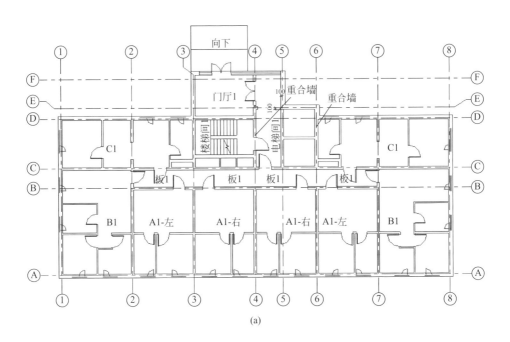

(a)

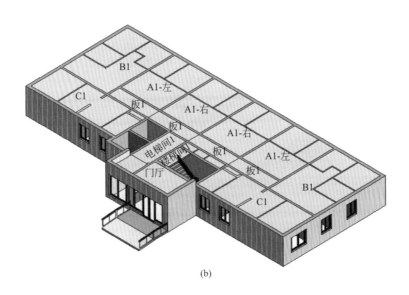

(b)

图C.8 项目首层平面图和模型图

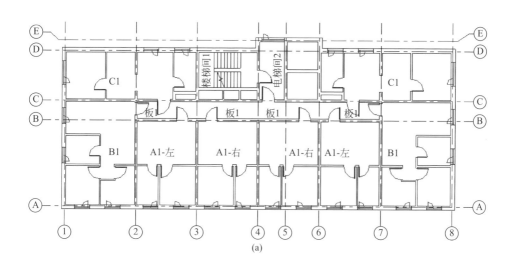

(a)

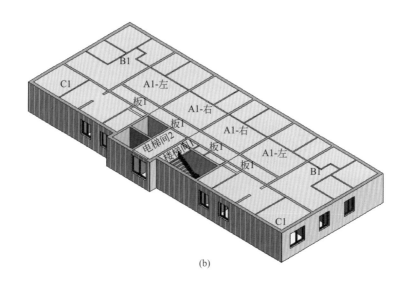

(b)

图C.9　标准层项目平面图及模型

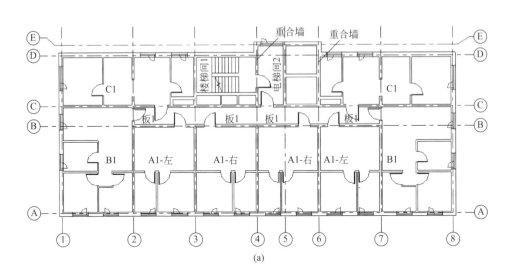

(a)

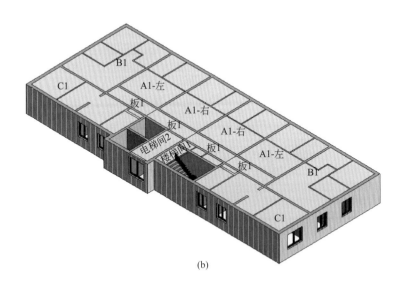

(b)

图C.10　项目标准层平面图和模型图

C.1.3 创建顶层建筑模型

顶层建筑模型包括：女儿墙1、机房1等组件模型见图C.11。选择模块化样板文件来新建顶层建筑模型，将组件模型插入到项目中，在女儿墙1中排除与机房交叉的墙，排除和检验方法同前述。

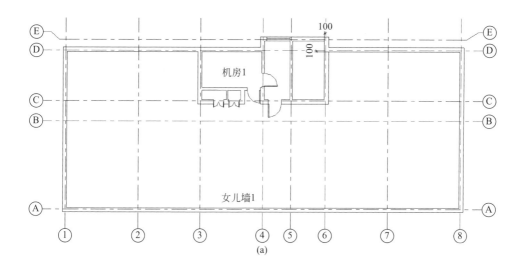

(a)

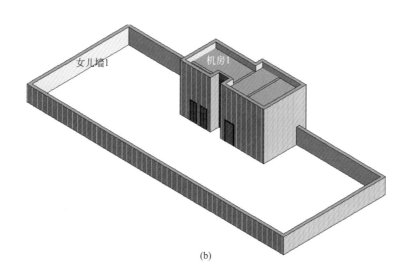

(b)

图C.11 项目顶层平面图和模型图

将首层、标准层和机房层通过原点对原点的方式链接到新建项目中，通过复制重组形成建筑模型。

C.2 12～18层剪力墙体系板式结构模块化设计方法

项目结构模型设计方法需参考建筑模块化设计方法，故项目户型、楼梯间、电梯间等组件模型的选择需参考建筑组件模型，板、梁等构件模型的选择需参照建筑构件模型。18层剪力墙体系项目结构模型同样由首层、标准层和顶层结构模型等三种层模型组成。结构模型模块化设计以户型为基本单元，设计师依据设计方案，新建标高、轴网并锁定，保存为结构模块化项目样板。

C.2.1 创建首层结构模型

首层结构模型包括A1-左-1、A1-右-1、B1-1、C1-1、楼梯间1-1、电梯间1-1、门厅1等组件模型及板1、矩形梁等构件模型，如图C.12所示。

（1）设计师依据建筑师的选择在模型库中挑选相对应的结构模型。以结构模块化样板文件来新建首层建筑模型，将A1-左-1、A1-右-1、B1-1、C1-1、楼梯间1-1、电梯间1-1、门厅1等组件模型及板1、矩形梁等构件模型从模型库载入到项目中。

（2）设计师由选定的户型模块组装项目首层。由户型模块组装项目首层的步骤如下。

① 将所选定的户型模块B1-1插入到项目中，本例户型B1-1的外形尺寸为5600mm×8100mm，将户型模块B1-1内墙中心线与轴网①、Ⓐ对齐放置户型模块B1模型组，并检查外墙与①、Ⓐ轴网距离是否正确，本例为100mm，如图C.13所示（灰色轮廓部分代表剪力墙，黑色轮廓部分代表暗柱，白色轮廓部分代表梁。）

② 以B1-1户型为基准放置A1-左-1户型，在放置前将与B1-1重合的构件从A1-左-1户型组内排除，重合构件如图C.14（a）中斜线轮廓内包括的三个暗柱、两个剪力墙。排除和检验方法同前述。

③ 以B1-1户型为基准放置C1-1户型，在C1-1户型中排除图C.15（a）斜线标记的重合墙和暗柱。以A1-左-1为基准放置A1-右-1，在A1-右-1中排除图C.16（a）中斜线标记的重合部分，排除和检验方法同前述，如图C.15、图C.16所示。

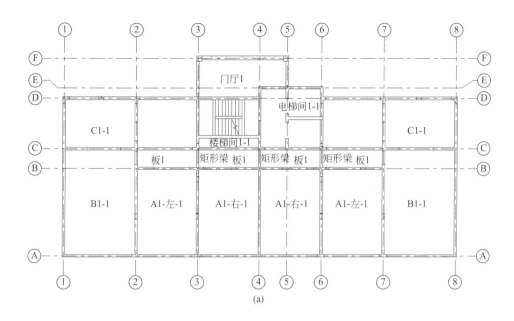

(a)

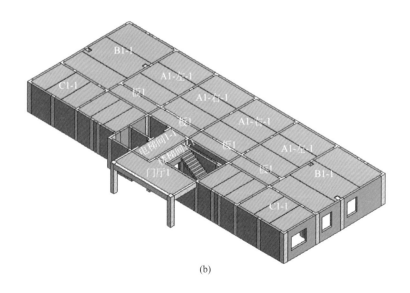

(b)

图C.12 首层结构平面图及模型

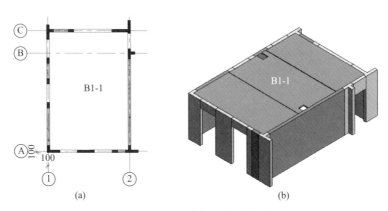

图C.13　项目首层中插入户型模块B1-1

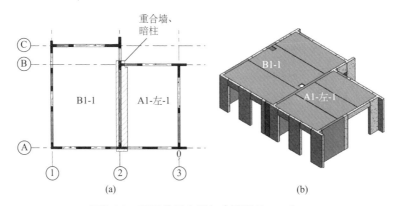

图C.14　项目首层中插入户型模块A1-左-1

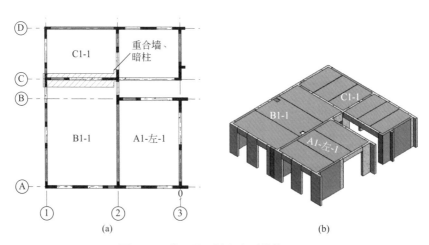

图C.15　首层项目插入户型模块C1-1

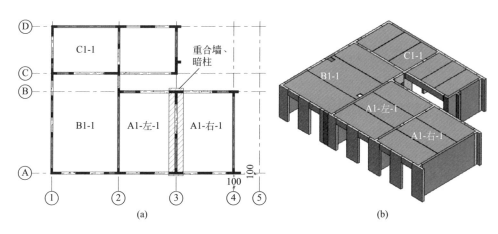

图C.16 首层项目插入户型模块A1-右-1

④ 由于C1对称户型分别连接楼梯间和电梯间，两者户型结构模型不相同，因此先对除C1-1外户型进行镜像，再将C1-2载入到项目中，排除图C.17（a）中斜线标记的重合墙，排除和检验方法同前述。

⑤ 根据建筑设计方案放置楼梯间1-1，在楼梯间内将与户型C1-1重合的构件排除，排除和检验方法同前述，如图C.18所示。

⑥ 将4600mm×4800mm电梯间带前室（电梯间1-1）、楼板、梁插入项目，排除图C.19中标注的重合墙，排除和检验方法同前述。

⑦ 将门厅1组件载入项目中，组建成首层项目模型，如图C.20所示。

C.2.2 创建标准层结构模型

标准层结构模型包括A1-左-1、A1-右-1、B1-1、C1-1、C1-2、楼梯间1-1、电梯间1-1、等组件模型及板、梁构件模型。创建过程同前述。

C.2.3 创建顶层结构模型

顶层结构模型包括：女儿墙1、机房1等组件模型。选择模块化样板文件来新建顶层结构模型，将组件模型插入到项目中，在女儿墙1中排除与机房1交叉的墙，排除和检验方法同前述，如图C.21所示。

首层、标准层和机房层通过原点对原点的方式链接到新建项目中，通过复制重组形成结构模型。

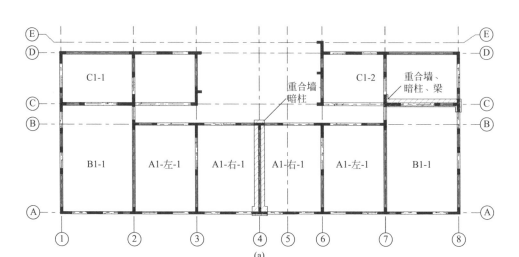

(a)

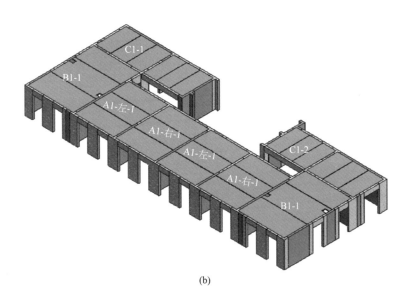

(b)

图C.17 首层项目全户型

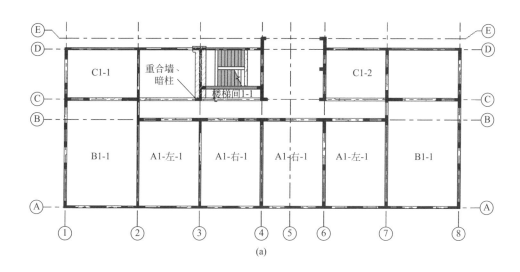

(a)

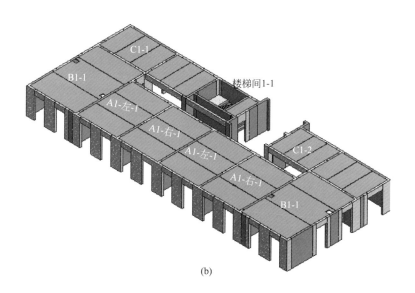

(b)

图C.18 首层项目插入楼梯间

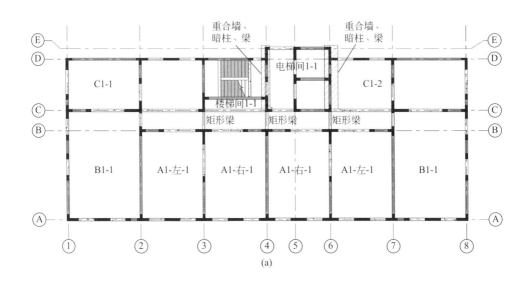

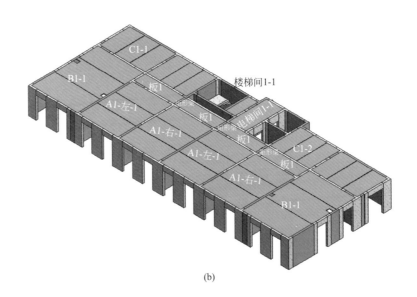

图C.19 首层项目插入楼梯间、梁和板

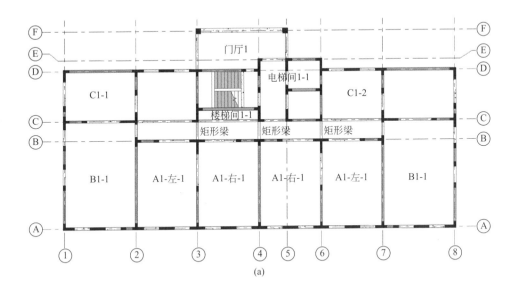

(a)

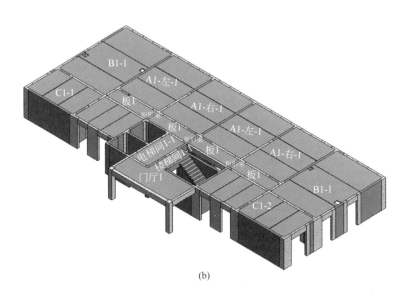

(b)

图C.20 首层项目结构模型

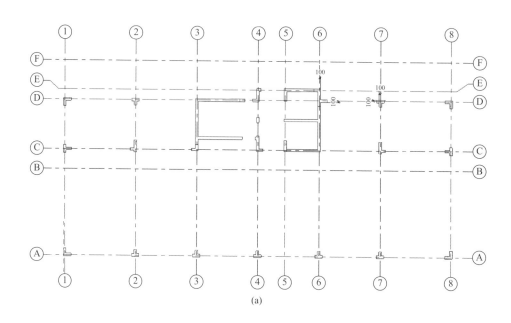

(a)

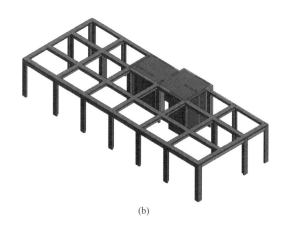

(b)

图C.21　女儿墙与机房

C.3　12～18层剪力墙体系板式MEP模块化设计方法

C.3.1　创建标准层MEP模型

（1）公租房水暖模型的建立

公租房水暖系统包括采暖系统、给水系统以及排水系统。

根据建筑专业对户型的划分，分为A、B、C三种户型，对应不同户型内部的水暖系统也分为A、B、C三种，代码分别为MEP-NSA、MEP-NSB、MEP-NSC，采暖管道设计按做地面面层考虑，进户管道均采用面层沟槽敷设，如图C.22所示。

①选择机械样板文件来新建标准层MEP模型，将MEP-NSA、MEP-NSB、MEP-NSC等组件模型从模型库载入到项目中。

②设计师由选定的户型模块组装项目标准层。由户型模块组装项目标准层的步骤如下。

a.根据建筑模型，选择相应的MEP水暖模型，将其载入相应户型之中，即将MEP-NSA、MEP-NSB、MEP-NSC载入到建筑模型中，同时调整组件位置，应与其户型相对应，如图C.23所示。

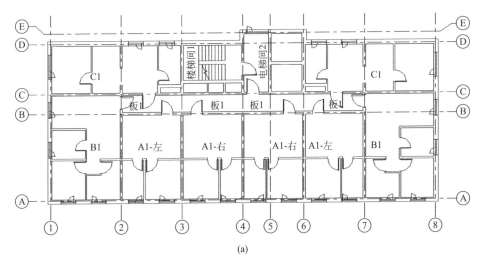

(a)

图C.22

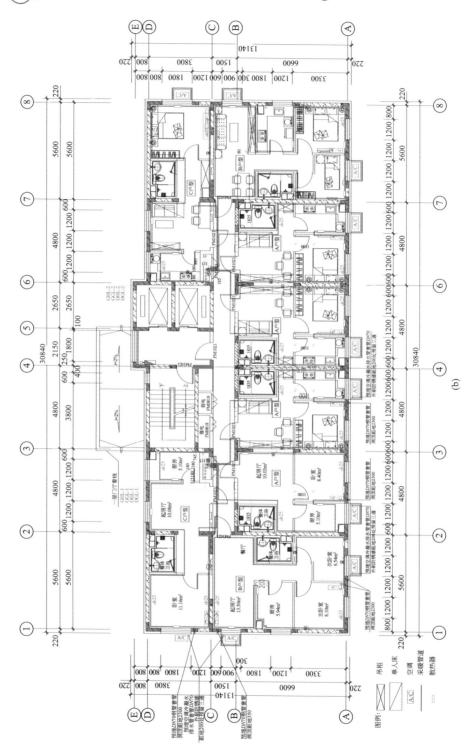

(b)

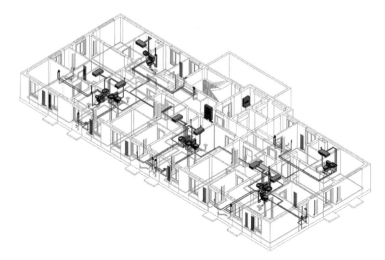

图C.22　标准层MEP模型平面图及模型

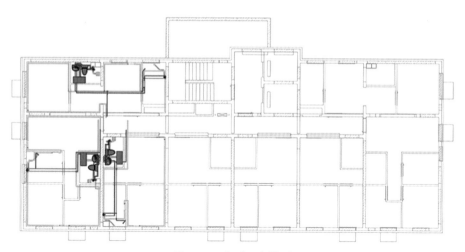

图C.23　水暖组合模型

　　b.由于A1-左与A1-右户型相对于③轴属于镜像关系，所以根据A1-左的MEP水暖模型MEP-NSA可以直接镜像获得A1-右相应MEP水暖模型。如图C.24所示。

　　c.由于建筑模型的基本户型是相对于④轴属于镜像关系，所以相对于④轴对已有MEP水暖模型进行镜像，即可获得标准层除公共区域外的相应MEP水暖模型。如图C.25所示。

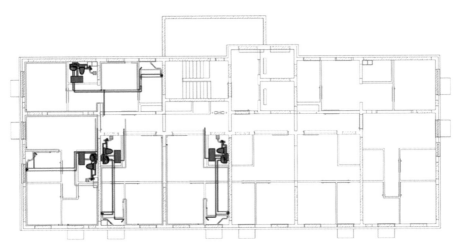

图C.24　水暖组合模型

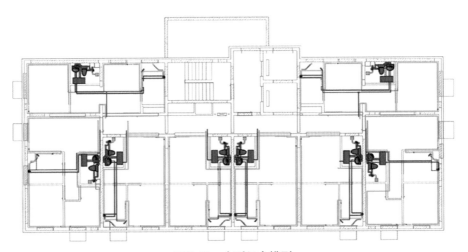

图C.25　水暖组合模型

　　d.在完成三种基本户型内MEP水暖模型的基础上，根据具体情况绘制相应公共区域的模型。主要包括消火栓系统的设计，以及水暖管井位置以确定各入户管道的走向。管路碰撞应本着小管让大管，无压让有压的原则进行调整。如图C.26所示。

　　（2）公租房电气模型的建立

　　公租房电气系统包括配电系统、照明系统、动力系统、弱电系统、防雷及接地系统。

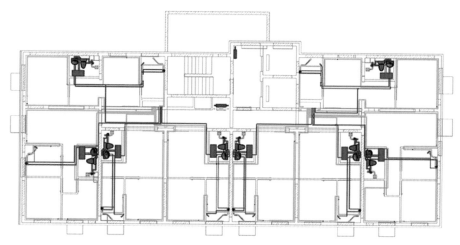

图C.26 水暖组合模型

照明系统内灯敷设于吊顶上，插座、弱电及局部等电位（电话、宽带二孔信息插座、有线电视插座、对讲室内分机等）敷设于预制墙上，线管等预敷于板内。公共区域桥架依据电井位置具体设计，桥架在吊棚内敷设。

根据构件库中不同墙的编号，依据户型进行拼装，例如，户型A可依据相应的构件进行拼装。线管拼接处采用软连接，以确保加工精度不够所产生的位置无法正确对接。

C.4 11层以下剪力墙体系标准层

新建项目样板，建立并锁定轴网、标高。标准层建筑模型包括A1-左、A1-右、B1、C1、交通间1等组件模型及板1构件模型。

C.4.1 将上述模型载入项目样板文件中。

C.4.2 设计师由选定的户型模块组装项目标准层。由户型模块组装项目标准层的步骤C.3.1创建标准层MEP模型（1）公租房水暖模型的建立中②的步骤，如图C.27所示。

将楼梯间1及板1模型载入项目中，以户型为基准放置，在楼梯间1中排除与户型重合的墙，如图C.28（a）所示，排除和检验方法同C.3.1创建标准层MEP模型（1）公租房水暖模型的建立中②的步骤。保存为标准层。

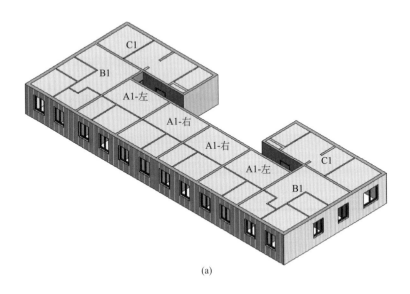

(a)

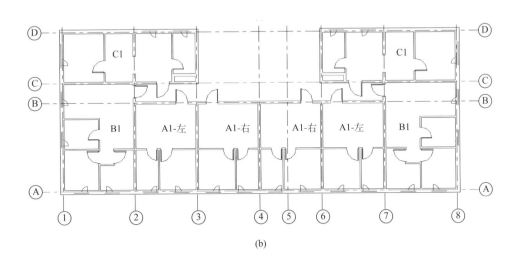

(b)

图C.27　标准层项目全户型

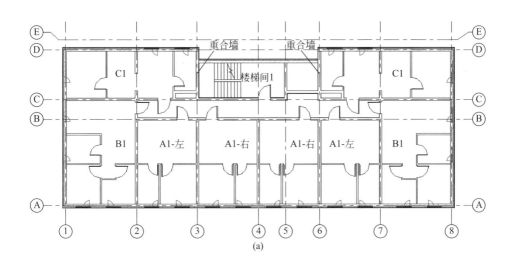

(a)

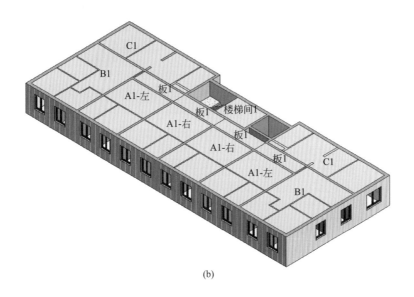

(b)

图C.28 户型重组

C.4.3 19～33层剪力墙体系标准层（《现代产业化公租房标准化设计通用图集》中方案三）

新建项目样板，建立并锁定轴网、标高。标准层建筑模型包括A1-左、A1-右、B1、C1、楼梯间2等组件模型及板1构件模型。

（1）将上述中的模型载入项目样板文件中。

（2）设计师由选定的户型模块组装项目标准层。

由户型模块组装项目标准层的步骤①～④同C.1.1创建首层建筑模型（2）中的①～⑥如图C.29所示。

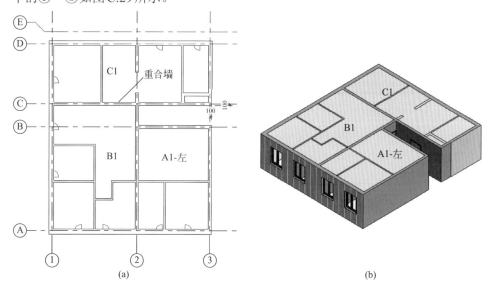

图C.29 项目标准层插入户型模块C1

在以A1-左为基准放置A1-左、A1-右及A1-左户型组，在后放置的户型组中排除图C.30中所示的重合墙，排除和检验方法同前。

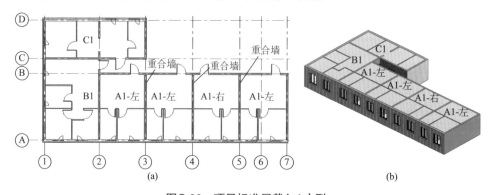

图C.30 项目标准层载入A户型

④、⑤轴线中心线为镜像轴对项目左边C1、B1、A1-左户型镜像，排除图C.31中重合墙。

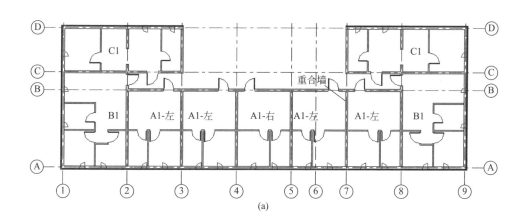

(a)

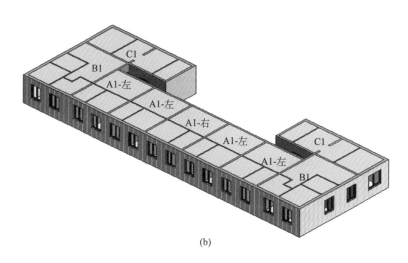

(b)

图C.31 项目标准层镜像后

以C1户型为基准放置楼梯间2，在楼梯间2中排除与C1重合墙，如图C.32所示，排除和检验方法同前。

将电梯间1及板1插入到项目中，排除图C.33中重合的墙。完成项目标准层创建，保存项目。

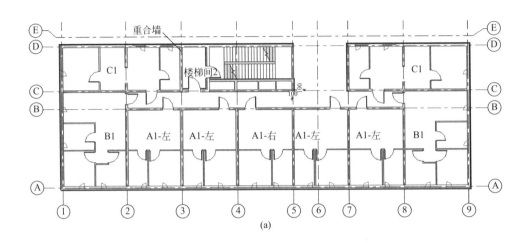

(a)

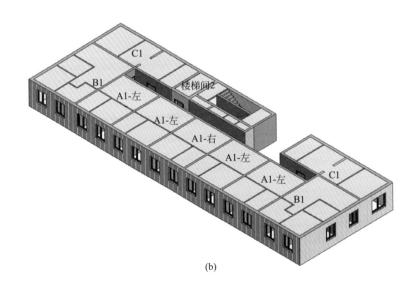

(b)

图C.32　项目标准层插入楼梯间2

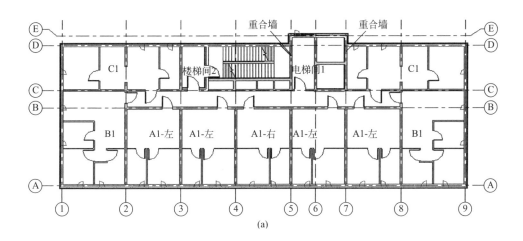

(a)

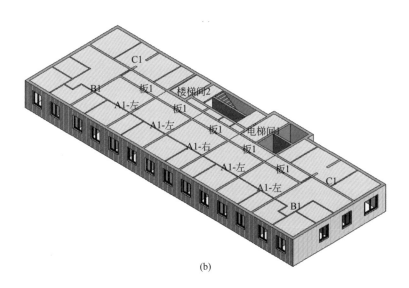

(b)

图C.33 项目标准层

C.4.4　19～33层剪力墙体系标准层（《现代产业化公租房标准化设计通用图集》中方案四）

新建项目样板，建立并锁定轴网、标高。标准层建筑模型包括A1-左、A1-右、B3、D1、楼梯间1、电梯间1等组件模型和板1构件模型。

（1）将上述中的模型载入项目样板中。

（2）设计师有选定的户型模块组装项目标准层。将选定的户型模块B3插入到项目中，本例户型B3的外形尺寸为6600mm×8100mm，将户型模块B3与中心线与轴网④、⑧对齐，放置B3模型组，检查外墙与④、⑧距离是否正确，本例为100mr₁，如图C.34所示。

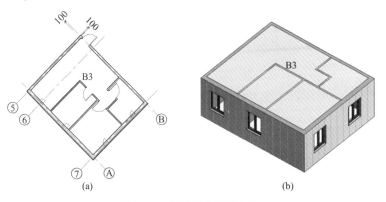

图C.34　项目标准层插入B3

（3）以B3为基准将A1-右户型组放置在项目中，排除与B3重合的墙，如图C.35所示。排除和检验方法同前。

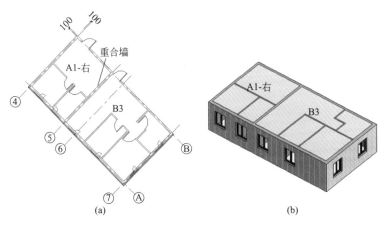

图C.35　项目标准层插入A1-右

（4）以A1-右为基准放置A1-左户型组，排除图C.36中重合的墙，排除和检验方法同前。

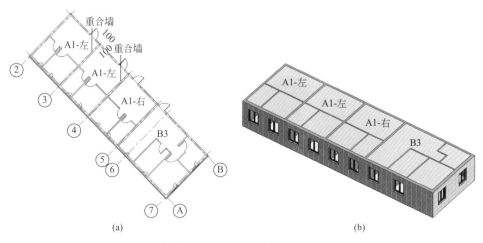

图C.36 项目标准层插入A1-左

（5）以A1-左为基准放置D1户型组，排除图C.37中标注的重合墙，排除和检验方法同前。然后以⑦、Ⓐ轴线交点引得垂直线为镜像轴，对D1、A1-左、A1-右进行镜像，如图C.38所示。

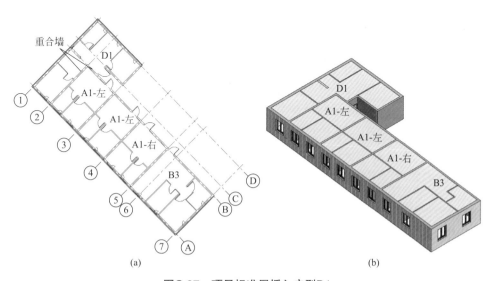

图C.37 项目标准层插入户型D1

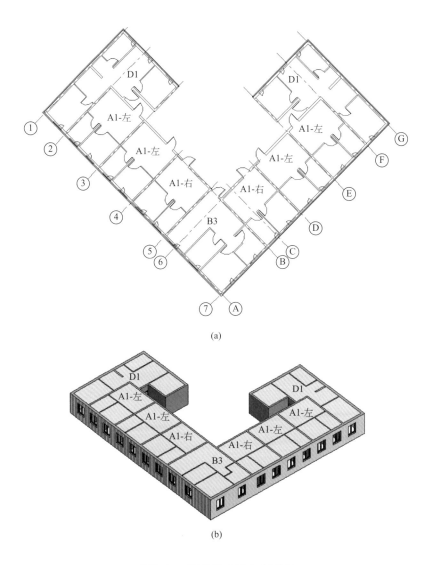

(a)

(b)

图C.38　项目标准层全户型图

（6）将电梯间1、楼梯间1、板1、板2载入项目中，排除图C.39中标注的重合墙，并修改局部墙。

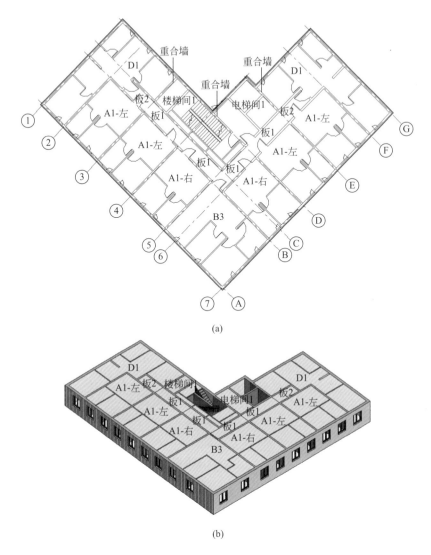

图C.39 项目标准层

C.4.5 19～33层剪力墙体系标准层(《现代产业化公租房标准化设计通用图集》中方案五)

新建项目样板方案五,建立并锁定轴网、标高。标准层建筑模型包括A1-左、A1-右、B1、B2、交通间1等组件模型和板1构件模型。

(1)将上述中的模型载入项目样板中。

(2)设计师有选定的户型模块组装项目标准层。将选定的户型模块A2插入到项目中，本例户型A2的外形尺寸为4800mm×7000mm，将户型模块A2与中心线与轴网Ⓐ、④对齐，检查外墙与Ⓐ、④距离是否正确，本例为100mm，如图C.40所示。

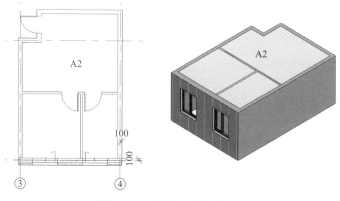

图C.40　项目标准层插入A2

（3）放置B1户型组到项目中，排除图C.41中标注的重合墙，排除和检验方法同前。

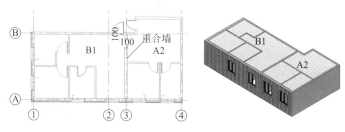

图C.41　项目标注层插入B1

（4）依据建筑方案依次放置A1-右、A1-左、A1-右户型组，排除图C.42中标注的重合墙，排除和检验方法同前。

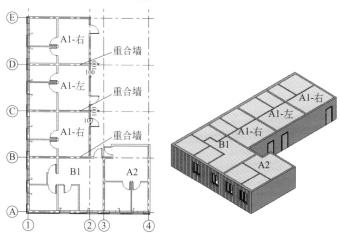

图C.42　项目标准层插入A1户型组

（5）以A1-右为基准放置B2户型组，排除图C.43中标注的重合墙，排除和检验方法同前。

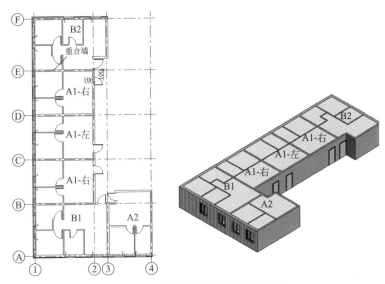

图C.43 项目标准层插入B2户型组

（6）以③、④轴线之间的中心线为镜像轴，将B1、B2、A1-左、A1-右户型组镜像，如图C.44所示。

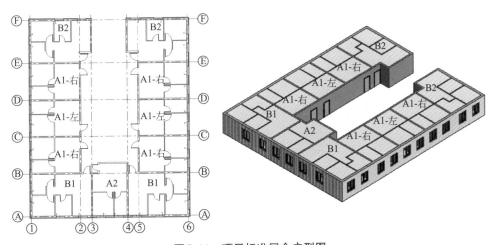

图C.44 项目标准层全户型图

（7）将交通间1、板1、板2、板3等载入项目中，排除图C.45中重合墙，另存为标准层。

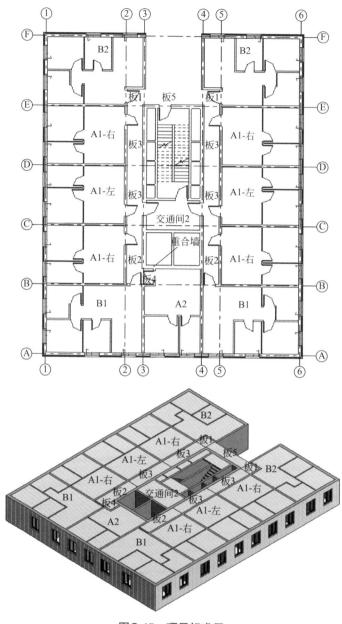

图C.45　项目标准层

附表1.1　沈阳市装配式钢筋混凝土叠合板

构件编号	型号	技术参数	图例	
			Revit	Tekla
DDB2412	1B	DDB2412-1B尺寸为2240mm×1200mm×60mm，其混凝土等级为C30，用量为0.161m³。含钢量15.05kg，板重402.5kg。其质量验收应符合GB 50204		
	2B	DDB2412-2B尺寸为2240mm×1200mm×60mm，其混凝土等级为C30，用量为0.161m³。含钢量15.05kg，板重402.5kg。其质量验收应符合GB 50204		
	3B	DDB2412-3B尺寸为2240mm×1200mm×60mm，其混凝土等级为C30，用量为0.161m³。含钢量15.05kg，板重402.5kg。其质量验收应符合GB 50204		
	4B	DDB2412-4B尺寸为2240mm×1200mm×60mm，其混凝土等级为C30，用量为0.161m³。含钢量15.05kg，板重402.5kg。其质量验收应符合GB 50204		

续表

构件编号	型号	技术参数	图例	
			Revit	Tekla
DDB2418	1B	DDB2418-1B尺寸为2240mm×1800mm×60mm，其混凝土等级为C30，用量为0.242m³。含钢量18.56kg，板重605.0kg。其质量验收应符合GB 50204		
	2B	DDB2418-2B尺寸为2240mm×1800mm×60mm，其混凝土等级为C30，用量为0.242m³。含钢量18.56kg，板重605.0kg。其质量验收应符合GB 50204		
	3B	DDB2418-3B尺寸为2240mm×1800mm×60mm，其混凝土等级为C30，用量为0.242m³。含钢量18.56kg，板重605.0kg。其质量验收应符合GB 50204		
	4B	DDB2418-4B尺寸为2240mm×1800mm×60mm，其混凝土等级为C30，用量为0.242m³。含钢量18.56kg，板重605.0kg。其质量验收应符合GB 50204		
DDB2424	1B	DDB2424-1B尺寸为2240mm×2400mm×60mm，其混凝土等级为C30，用量为0.323m³。含钢量25.24kg，板重807.5kg。其质量验收应符合GB 50204		
	2B	DDB2424-2B尺寸为2240mm×2400mm×60mm，其混凝土等级为C30，用量为0.323m³。含钢量25.24kg，板重807.5kg。其质量验收应符合GB 50204		

续表

构件编号	型号	技术参数	图例	
			Revit	Tekla
DDB2424	3B	DDB2424-3B尺寸为2240mm× 2400mm×60mm，其混凝土等级 为C30，用量为0.323m³。含钢量 25.24kg，板重807.5kg。其质量 验收应符合GB 50204		
	4B	DDB2424-4B尺寸为2240mm× 2400mm×60mm，其混凝土等级 为C30，用量为0.323m³。含钢量 25.24kg，板重807.5kg。其质量 验收应符合GB 50204		
DDB2712	1B	DDB2712-1B尺寸为2540mm× 1200mm×60mm，其混凝土等级 为C30，用量为0.183m³。含钢量 16.86kg，板重457.5kg。其质量 验收应符合GB 50204		
	2B	DDB2712-2B尺寸为2540mm× 1200mm×60mm，其混凝土等级 为C30，用量为0.183m³。含钢量 16.86kg，板重457.5kg。其质量 验收应符合GB 50204		
	3B	DDB2712-3B尺寸为2540mm× 1200mm×60mm，其混凝土等级 为C30，用量为0.183m³。含钢量 16.86kg，板重457.5kg。其质量 验收应符合GB 50204		
	4B	DDB2712-4B尺寸为2540mm× 1200mm×60mm，其混凝土等级 为C30，用量为0.183m³。含钢量 16.86kg，板重457.5kg。其质量 验收应符合GB 50204		

续表

构件编号	型号	技术参数	图例	
			Revit	Tekla
DDB2718	1B	DDB2718-1B尺寸为2540mm×1800mm×60mm，其混凝土等级为C30，用量为0.274m³。含钢量20.69kg，板重685kg。其质量验收应符合GB 50204		
	2B	DDB2718-2B尺寸为2540mm×1800mm×60mm，其混凝土等级为C30，用量为0.274m³。含钢量20.69kg，板重685kg。其质量验收应符合GB 50204		
	3B	DDB2718-3B尺寸为2540mm×1800mm×60mm，其混凝土等级为C30，用量为0.274m³。含钢量20.69kg，板重685kg。其质量验收应符合GB 50204		
	4B	DDB2718-4B尺寸为2540mm×1800mm×60mm，其混凝土等级为C30，用量为0.274m³。含钢量22.67kg，板重685kg。其质量验收应符合GB 50204		
DDB2724	1B	DDB2724-1B尺寸为2540mm×2400mm×60mm，其混凝土等级为C30，用量为0.366m³。含钢量28.19kg，板重915kg。其质量验收应符合GB 50204		
	2B	DDB2724-2B尺寸为2540mm×2400mm×60mm，其混凝土等级为C30，用量为0.366m³。含钢量28.19kg，板重915kg。其质量验收应符合GB 50204		

续表

构件编号	型号	技术参数	图例	
			Revit	Tekla
DDB2724	3B	DDB2724-3B尺寸为2540mm×2400mm×60mm，其混凝土等级为C30，用量为0.366m³。含钢量28.19kg，板重915kg。其质量验收应符合GB 50204		
	4B	DDB2724-4B尺寸为2540mm×2400mm×60mm，其混凝土等级为C30，用量为0.366m³。含钢量30.17kg，板重915kg。其质量验收应符合GB 50204		
DDB3012	1B	DDB3012-1B尺寸为2840mm×1200mm×60mm，其混凝土等级为C30，用量为0.204m³。含钢量19.13kg，板重510kg。其质量验收应符合GB 50204		
	2B	DDB3012-2B尺寸为2840mm×1200mm×60mm，其混凝土等级为C30，用量为0.204m³。含钢量19.13kg，板重510kg。其质量验收应符合GB 50204		
	3B	DDB3012-3B尺寸为2840mm×1200mm×60mm，其混凝土等级为C30，用量为0.204m³。含钢量19.13kg，板重510kg。其质量验收应符合GB 50204		
	4B	DDB3012-4B尺寸为2840mm×1200mm×60mm，其混凝土等级为C30，用量为0.204m³。含钢量19.13kg，板重510kg。其质量验收应符合GB 50204		

续表

构件编号	型号	技术参数	图例	
			Revit	Tekla
DDB3018	1B	DDB3018-1B尺寸为2840mm× 1800mm×60mm，其混凝土等级为C30，用量为0.307m³。含钢量23.56kg，板重767.5kg。其质量验收应符合GB 50204		
	2B	DDB3018-2B尺寸为2840mm× 1800mm×60mm，其混凝土等级为C30，用量为0.307m³。含钢量23.56kg，板重767.5kg。其质量验收应符合GB 50204		
	3B	DDB3018-3B尺寸为2840mm× 1800mm×60mm，其混凝土等级为C30，用量为0.307m³。含钢量24.67kg，板重767.5kg。其质量验收应符合GB 50204		
	4B	DDB3018-4B尺寸为2840mm× 1800mm×60mm，其混凝土等级为C30，用量为0.307m³。含钢量26.89kg，板重767.5kg。其质量验收应符合GB 50204		
DDB3024	1B	DDB3024-1B尺寸为2840mm× 2400mm×60mm，其混凝土等级为C30，用量为0.409m³。含钢量32.10kg，板重1022.5kg。其质量验收应符合GB 50204		
	2B	DDB3024-2B尺寸为2840mm× 2400mm×60mm，其混凝土等级为C30，用量为0.409m³。含钢量32.10kg，板重1022.5kg。其质量验收应符合GB 50204		

续表

构件编号	型号	技术参数	图例	
			Revit	Tekla
DDB3024	3B	DDB3024-3B尺寸为2840mm×2400mm×60mm，其混凝土等级为C30，用量为0.409m³。含钢量33.21kg，板重1022.5kg。其质量验收应符合GB 50204		
	4B	DDB3024-4B尺寸为2840mm×2400mm×60mm，其混凝土等级为C30，用量为0.409m³。含钢量36.54kg，板重1022.5kg。其质量验收应符合GB 50204		
DDB3312	1B	DDB3312-1B尺寸为2340mm×1200mm×60mm，其混凝土等级为C30，用量为0.226m³。含钢量21.39kg，板重565.2kg。其质量验收应符合GB 50204		
	2B	DDB3312-2B尺寸为2340mm×1200mm×60mm，其混凝土等级为C30，用量为0.226m³。含钢量21.39kg，板重565.2kg。其质量验收应符合GB 50204		
	3B	DDB3312-3B尺寸为2340mm×1200mm×60mm，其混凝土等级为C30，用量为0.226m³。含钢量21.39kg，板重565.2kg。其质量验收应符合GB 50204		
	4B	DDB3312-4B尺寸为2340mm×1200mm×60mm，其混凝土等级为C30，用量为0.226m³。含钢量24.15kg，板重565.2kg。其质量验收应符合GB 50204		

续表

构件编号	型号	技术参数	图例	
			Revit	Tekla
DDB3318	1B	DDB3318-1B尺寸为3140mm×1800mm×60mm，其混凝土等级为C30，用量为0.339m³。含钢量26.42kg，板重847.5kg。其质量验收应符合GB 50204		
	2B	DDB3318-2B尺寸为3140mm×1800mm×60mm，其混凝土等级为C30，用量为0.339m³。含钢量26.42kg，板重847.5kg。其质量验收应符合GB 50204		
	3B	DDB3318-3B尺寸为3140mm×1800mm×60mm，其混凝土等级为C30，用量为0.339m³。含钢量30.11kg，板重847.5kg。其质量验收应符合GB 50204		
	4B	DDB3318-4B尺寸为3140mm×1800mm×60mm，其混凝土等级为C30，用量为0.339m³。含钢量33.71kg，板重847.5kg。其质量验收应符合GB 50204		
DDB3324	1B	DDB3324-1B尺寸为3140mm×2400mm×60mm，其混凝土等级为C30，用量为0.452m³。含钢量36.00kg，板重1130.0kg。其质量验收应符合GB 50204		
	2B	DDB3324-2B尺寸为3140mm×2400mm×60mm，其混凝土等级为C30，用量为0.452m³。含钢量36.00kg，板重1130.0kg。其质量验收应符合GB 50204		

续表

构件编号	型号	技术参数	图例	
			Revit	Tekla
DDB3324	3B	DDB3324-3B尺寸为3140mm×2400mm×60mm，其混凝土等级为C30，用量为0.452m³。含钢量40.91kg，板重1130.0kg。其质量验收应符合GB 50204		
	4B	DDB3324-4B尺寸为3140mm×2400mm×60mm，其混凝土等级为C30，用量为0.452m³。含钢量45.81kg，板重1130.0kg。其质量验收应符合GB 50204		
DDB3612	1B	DDB3612-1B尺寸为3440mm×1200mm×60mm，其混凝土等级为C30，用量为0.248m³。含钢量23.22kg，板重620.0kg。其质量验收应符合GB 50204		
	2B	DDB3612-2B尺寸为3440mm×1200mm×60mm，其混凝土等级为C30，用量为0.248m³。含钢量23.22kg，板重620.0kg，其余施工符合11G101		
	3B	DDB3612-3B尺寸为3440mm×1200mm×60mm，其混凝土等级为C30，用量为0.248m³。含钢量25.91kg，板重620.0kg。其质量验收应符合GB 50204		
	4B	DDB3612-4B尺寸为3440mm×1200mm×60mm，其混凝土等级为C30，用量为0.248m³。含钢量28.36kg，板重620.0kg。其质量验收应符合GB 50204		

续表

构件编号	型号	技术参数	图例	
			Revit	Tekla
DDB3618	1B	DDB3618-1B尺寸为3440mm×1800mm×60mm，其混凝土等级为C30，用量为0.372m³。含钢量28.59kg，板重930.0kg。其质量验收应符合GB 50204		
	2B	DDB3618-2B尺寸为3440mm×1800mm×60mm，其混凝土等级为C30，用量为0.248m³。含钢量32.63kg，板重930.0kg。其质量验收应符合GB 50204		
	3B	DDB3618-3B尺寸为3440mm×1800mm×60mm，其混凝土等级为C30，用量为0.248m³。含钢量35.66kg，板重930.0kg。其质量验收应符合GB 50204		
	4B	DDB3618-4B尺寸为3440mm×1800mm×60mm，其混凝土等级为C30，用量为0.248m³。含钢量40.8kg，板重930.0kg。其质量验收应符合GB 50204		
DDB3624	1B	DDB3624-1B尺寸为3440mm×1800mm×60mm，其混凝土等级为C30，用量为0.495m³。含钢量38.95kg，板重1237.5kg，其余施工符合11G101		
	2B	DDB3624-2B尺寸为3440mm×1800mm×60mm，其混凝土等级为C30，用量为0.495m³。含钢量42.99kg，板重1237.5kg。其质量验收应符合GB 50204		

续表

构件编号	型号	技术参数	图例	
			Revit	Tekla
DDB3624	3B	DDB3624-3B尺寸为3440mm×1800mm×60mm，其混凝土等级为C30，用量为0.495m³。含钢量47.53kg，板重1237.5kg。其质量验收应符合GB 50204		
	4B	DDB3624-4B尺寸为3440mm×1800mm×60mm，其混凝土等级为C30，用量为0.495m³。含钢量54.01kg，板重1237.5kg。其质量验收应符合GB 50204		
DDB3912	1B	DDB3912-1B尺寸为3740mm×1200mm×60mm，其混凝土等级为C30，用量为0.269m³。含钢量25.03kg，板重672.5kg。其质量验收应符合GB 50204		
	2B	DDB3912-2B尺寸为3740mm×1200mm×60mm，其混凝土等级为C30，用量为0.269m³。含钢量26.15kg，板重672.5kg。其质量验收应符合GB 50204		
	3B	DDB3912-3B尺寸为3740mm×1200mm×60mm，其混凝土等级为C30，用量为0.269m³。含钢量30.62kg，板重672.5kg。其质量验收应符合GB 50204		
	4B	DDB3912-4B尺寸为3740mm×1200mm×60mm，其混凝土等级为C30，用量为0.269m³。含钢量35.65kg，板重672.5kg。其质量验收应符合GB 50204		

续表

构件编号	型号	技术参数	图例	
			Revit	Tekla
DDB3918	1B	DDB3918-1B尺寸为3740mm×1800mm×60mm，其混凝土等级为C30，用量为0.404m³。含钢量33.69kg，板重1010.0kg。其质量验收应符合GB 50204		
	2B	DDB3918-2B尺寸为3740mm×1800mm×60mm，其混凝土等级为C30，用量为0.404m³。含钢量36.62kg，板重1010.0kg。其质量验收应符合GB 50204		
	3B	DDB3918-3B尺寸为3740mm×1800mm×60mm，其混凝土等级为C30，用量为0.404m³。含钢量41.74kg，板重1010.0kg。其质量验收应符合GB 50204		
	4B	DDB3918-4B尺寸为3740mm×1800mm×60mm，其混凝土等级为C30，用量为0.404m³。含钢量49.06kg，板重1010.0kg。其质量验收应符合GB 50204		
DDB3924	1B	DDB3924-1B尺寸为3740mm×2400mm×60mm，其混凝土等级为C30，用量为0.539m³。含钢量44.84kg，板重1347.5kg。其质量验收应符合GB 50204		
	2B	DDB3924-2B尺寸为3740mm×2400mm×60mm，其混凝土等级为C30，用量为0.539m³。含钢量50.71kg，板重1347.5kg。其质量验收应符合GB 50204		

续表

构件编号	型号	技术参数	图例	
			Revit	Tekla
DDB3924	3B	DDB3924-3B尺寸为3740mm×2400mm×60mm，其混凝土等级为C30，用量为0.539m³。含钢量56.01kg，板重1347.5kg。其质量验收应符合GB 50204		
	4B	DDB3924-4B尺寸为3740mm×2400mm×60mm，其混凝土等级为C30，用量为0.539m³。含钢量64.49kg，板重1347.5kg。其质量验收应符合GB 50204		
DDB4212	1B	DDB4212-1B尺寸为4040mm×1200mm×60mm，其混凝土等级为C30，用量为0.291m³。含钢量28.89kg，板重727.5kg。其质量验收应符合GB 50204		
	2B	DDB4212-2B尺寸为4040mm×1200mm×60mm，其混凝土等级为C30，用量为0.291m³。含钢量30.87kg，板重727.5kg。其质量验收应符合GB 50204		
	3B	DDB4212-3B尺寸为4040mm×1200mm×60mm，其混凝土等级为C30，用量为0.291m³。含钢量36.90kg，板重727.5kg。其质量验收应符合GB 50204		
	4B	DDB4212-4B尺寸为4040mm×1200mm×60mm，其混凝土等级为C30，用量为0.291m³。含钢量41.24kg，板重727.5kg。其质量验收应符合GB 50204		

续表

构件编号	型号	技术参数	图例	
			Revit	Tekla
DDB4218	1B	DDB4218-1B尺寸为4040mm×1800mm×60mm，其混凝土等级为C30，用量为0.436m³。含钢量39.98kg，板重1090.0kg。其质量验收应符合GB 50204		
	2B	DDB4218-2B尺寸为4040mm×1800mm×60mm，其混凝土等级为C30，用量为0.436m³。含钢量45.51kg，板重1090.0kg。其质量验收应符合GB 50204		
	3B	DDB4218-3B尺寸为4040mm×1800mm×60mm，其混凝土等级为C30，用量为0.436m³。含钢量51.55kg，板重1090.0kg。其质量验收应符合GB 50204		
	4B	DDB4218-4B尺寸为4040mm×1800mm×60mm，其混凝土等级为C30，用量为0.436m³。含钢量58.55kg，板重1090.0kg。其质量验收应符合GB 50204		
DDB4224	1B	DDB4224-1B尺寸为4040mm×2400mm×60mm，其混凝土等级为C30，用量为0.582m³。含钢量53.73kg，板重1455.0kg。其质量验收应符合GB 50204		
	2B	DDB4224-2B尺寸为4040mm×2400mm×60mm，其混凝土等级为C30，用量为0.582m³。含钢量61.05kg，板重1455.0kg。其质量验收应符合GB 50204		

续表

构件编号	型号	技术参数	图例	
			Revit	Tekla
DDB4224	3B	DDB4224-3B尺寸为4040mm×2400mm×60mm，其混凝土等级为C30，用量为0.582m³。含钢量67.28kg，板重1455.0kg。其质量验收应符合GB 50204		
	4B	DDB4224-4B尺寸为4040mm×2400mm×60mm，其混凝土等级为C30，用量为0.582m³。含钢量80.22kg，板重1455.0kg。其质量验收应符合GB 50204		
DDB4512	1B	DDB4512-1B尺寸为4340mm×1200mm×60mm，其混凝土等级为C30，用量为0.312m³。含钢量36.78kg，板重780.0kg。其质量验收应符合GB 50204		
	2B	DDB4512-2B尺寸为4340mm×1200mm×60mm，其混凝土等级为C30，用量为0.312m³。含钢量39.44kg，板重780.0kg。其质量验收应符合GB 50204		
	3B	DDB4512-3B尺寸为4340mm×1200mm×60mm，其混凝土等级为C30，用量为0.312m³。含钢量49.95kg，板重780.0kg。其质量验收应符合GB 50204		
	4B	DDB4512-4B尺寸为4340mm×1200mm×60mm，其混凝土等级为C30，用量为0.312m³。含钢量67.65kg，板重780.0kg。其质量验收应符合GB 50204		

续表

构件编号	型号	技术参数	图例	
			Revit	Tekla
DDB4518	1B	DDB4518-1B尺寸为4340mm× 1800mm×60mm，其混凝土等级 为C30，用量为0.469m³。含钢量 52.38kg，板重1172.5kg。其质量 验收应符合GB 50204		
	2B	DDB4518-2B尺寸为4340mm× 1800mm×60mm，其混凝土等级 为C30，用量为0.469m³。含钢量 55.04kg，板重1172.5kg。其质量 验收应符合GB 50204		
	3B	DDB4518-3B尺寸为4340mm× 1800mm×60mm，其混凝土等级 为C30，用量为0.469m³。含钢量 70.22kg，板重1172.5kg。其质量 验收应符合GB 50204		
	4B	DDB4518-4B尺寸为4340mm× 1800mm×60mm，其混凝土等级 为C30，用量为0.469m³。含钢量 88.27kg，板重1172.5kg。其质量 验收应符合GB 50204		
DDB4524	1B	DDB4524-1B尺寸为4340mm× 2400mm×60mm，其混凝土等级 为C30，用量为0.625m³。含钢量 70.90kg，板重1562.5kg。其质量 验收应符合GB 50204		
	2B	DDB4524-2B尺寸为4340mm× 2400mm×60mm，其混凝土等级 为C30，用量为0.625m³。含钢量 76.22kg，板重1562.5kg。其质量 验收应符合GB 50204		

续表

构件编号	型号	技术参数	图例	
			Revit	Tekla
DDB4524	3B	DDB4524-3B尺寸为4340mm× 2400mm×60mm，其混凝土等级 为C30，用量为0.625m³。含钢量 97.24kg，板重1562.5kg。其质量 验收应符合GB 50204		
	4B	DDB4524-4B尺寸为4340mm× 2400mm×60mm，其混凝土等级 为C30，用量为0.625m³。含钢量 122.22kg，板重1562.5kg。其质 量验收应符合GB 50204		
DDB2412	1Z	DDB2412-1Z尺寸为2240mm× 1200mm×60mm，其混凝土等级 为C30，用量为0.161m³。含钢量 15.05kg，板重402.5kg。其质量 验收应符合GB 50204		
	2Z	DDB2412-2Z尺寸为2240mm× 1200mm×60mm，其混凝土等级 为C30，用量为0.161m³。含钢量 15.05kg，板重402.5kg。其质量 验收应符合GB 50204		
	3Z	DDB2412-3Z尺寸为2240mm× 1200mm×60mm，其混凝土等级 为C30，用量为0.161m³。含钢量 15.05kg，板重402.5kg。其质量 验收应符合GB 50204		
	4Z	DDB2412-4Z尺寸为2240mm× 1200mm×60mm，其混凝土等级 为C30，用量为0.161m³。含钢量 15.05kg，板重402.5kg。其质量 验收应符合GB 50204		

续表

构件编号	型号	技术参数	图例	
			Revit	Tekla
DDB2418	1Z	DDB2418-1Z尺寸为2240mm×1800mm×60mm，其混凝土等级为C30，用量为0.242m³。含钢量18.56kg，板重605.0kg。其质量验收应符合GB 50204		
	2Z	DDB2418-2Z尺寸为2240mm×1800mm×60mm，其混凝土等级为C30，用量为0.242m³。含钢量18.56kg，板重605.0kg。其质量验收应符合GB 50204		
	3Z	DDB2418-3Z尺寸为2240mm×1800mm×60mm，其混凝土等级为C30，用量为0.242m³。含钢量18.56kg，板重605.0kg。其质量验收应符合GB 50204		
	4Z	DDB2418-4Z尺寸为2240mm×1800mm×60mm，其混凝土等级为C30，用量为0.242m³。含钢量18.56kg，板重605.0kg。其质量验收应符合GB 50204		
DDB2424	1Z	DDB2424-1Z尺寸为2240mm×2400mm×60mm，其混凝土等级为C30，用量为0.323m³。含钢量25.24kg，板重807.5kg。其质量验收应符合GB 50204		
	2Z	DDB2424-2Z尺寸为2240mm×2400mm×60mm，其混凝土等级为C30，用量为0.323m³。含钢量25.24kg，板重807.5kg。其质量验收应符合GB 50204		

续表

构件编号	型号	技术参数	图例	
			Revit	Tekla
DDB2424	3Z	DDB2424-3Z尺寸为2240mm×2400mm×60mm，其混凝土等级为C30，用量为0.323m³。含钢量25.24kg，板重807.5kg。其质量验收应符合GB 50204		
	4Z	DDB2424-4Z尺寸为2240mm×2400mm×60mm，其混凝土等级为C30，用量为0.323m³。含钢量25.24kg，板重807.5kg。其质量验收应符合GB 50204		
DDB2712	1Z	DDB2712-1Z尺寸为2540mm×1200mm×60mm，其混凝土等级为C30，用量为0.183m³。含钢量16.86kg，板重457.5kg。其质量验收应符合GB 50204		
	2Z	DDB2712-2Z尺寸为2540mm×1200mm×60mm，其混凝土等级为C30，用量为0.183m³。含钢量16.86kg，板重457.5kg。其质量验收应符合GB 50204		
	3Z	DDB2712-3Z尺寸为2540mm×1200mm×60mm，其混凝土等级为C30，用量为0.183m³。含钢量16.86kg，板重457.5kg。其质量验收应符合GB 50204		
	4Z	DDB2712-4Z尺寸为2540mm×1200mm×60mm，其混凝土等级为C30，用量为0.183m³。含钢量16.86kg，板重457.5kg。其质量验收应符合GB 50204		

续表

构件编号	型号	技术参数	图例	
			Revit	Tekla
DDB2718	1Z	DDB2718-1Z尺寸为2540mm×1800mm×60mm，其混凝土等级为C30，用量为0.274m³。含钢量20.69kg，板重685kg。其质量验收应符合GB 50204		
	2Z	DDB2718-2Z尺寸为2540mm×1800mm×60mm，其混凝土等级为C30，用量为0.274m³。含钢量20.69kg，板重685kg。其质量验收应符合GB 50204		
	3Z	DDB2718-3Z尺寸为2540mm×1800mm×60mm，其混凝土等级为C30，用量为0.274m³。含钢量20.69kg，板重685kg。其质量验收应符合GB 50204		
	4Z	DDB2718-4Z尺寸为2540mm×1800mm×60mm，其混凝土等级为C30，用量为0.274m³。含钢量20.69kg，板重685kg。其质量验收应符合GB 50204		
DDB2724	1Z	DDB2724-1Z尺寸为2540mm×2400mm×60mm，其混凝土等级为C30，用量为0.366m³。含钢量28.19kg，板重915kg。其质量验收应符合GB 50204		
	2Z	DDB2724-2Z尺寸为2540mm×2400mm×60mm，其混凝土等级为C30，用量为0.366m³。含钢量28.19kg，板重915kg。其质量验收应符合GB 50204		

续表

构件编号	型号	技术参数	图例	
			Revit	Tekla
DDB2724	3Z	DDB2724-3Z尺寸为2540mm×2400mm×60mm，其混凝土等级为C30，用量为0.366m³。含钢量28.19kg，板重915kg。其质量验收应符合GB 50204		
	4Z	DDB2724-4Z尺寸为2540mm×2400mm×60mm，其混凝土等级为C30，用量为0.366m³。含钢量28.19kg，板重915kg。其质量验收应符合GB 50204		
DDB3012	1Z	DDB3012-1Z尺寸为2840mm×1200mm×60mm，其混凝土等级为C30，用量为0.204m³。含钢量19.13kg，板重510kg。其质量验收应符合GB 50204		
	2Z	DDB3012-2Z尺寸为2840mm×1200mm×60mm，其混凝土等级为C30，用量为0.204m³。含钢量19.13kg，板重510kg。其质量验收应符合GB 50204		
	3Z	DDB3012-3Z尺寸为2840mm×1200mm×60mm，其混凝土等级为C30，用量为0.204m³。含钢量19.13kg，板重510kg。其质量验收应符合GB 50204		
	4Z	DDB3012-4Z尺寸为2840mm×1200mm×60mm，其混凝土等级为C30，用量为0.204m³。含钢量19.13kg，板重510kg。其质量验收应符合GB 50204		

续表

构件编号	型号	技术参数	图例	
			Revit	Tekla
DDB3018	1Z	DDB3018-1Z尺寸为2840mm× 1800mm×60mm，其混凝土等级为C30，用量为0.307m³。含钢量23.56kg，板重767.5kg。其质量验收应符合GB 50204		
	2Z	DDB3018-2Z尺寸为2840mm× 1800mm×60mm，其混凝土等级为C30，用量为0.307m³。含钢量23.56kg，板重767.5kg。其质量验收应符合GB 50204		
	3Z	DDB3018-3Z尺寸为2840mm× 1800mm×60mm，其混凝土等级为C30，用量为0.307m³。含钢量23.56kg，板重767.5kg。其质量验收应符合GB 50204		
	4Z	DDB3018-4Z尺寸为2840mm× 1800mm×60mm，其混凝土等级为C30，用量为0.307m³。含钢量23.56kg，板重767.5kg。其质量验收应符合GB 50204		
DDB3024	1Z	DDB3024-1Z尺寸为2840mm× 2400mm×60mm，其混凝土等级为C30，用量为0.409m³。含钢量32.10kg，板重1022.5kg。其质量验收应符合GB 50204		
	2Z	DDB3024-2Z尺寸为2840mm× 2400mm×60mm，其混凝土等级为C30，用量为0.409m³。含钢量32.10kg，板重1022.5kg。其质量验收应符合GB 50204		

续表

构件编号	型号	技术参数	图例	
			Revit	Tekla
DDB3024	3Z	DDB3024-3Z尺寸为2840mm×2400mm×60mm，其混凝土等级为C30，用量为0.409m³。含钢量32.10kg，板重1022.5kg。其质量验收应符合GB 50204		
	4Z	DDB3024-4Z尺寸为2840mm×2400mm×60mm，其混凝土等级为C30，用量为0.409m³。含钢量32.10kg，板重1022.5kg。其质量验收应符合GB 50204		
DDB3312	1Z	DDB3312-1Z尺寸为2340mm×1200mm×60mm，其混凝土等级为C30，用量为0.226m³。含钢量21.39kg，板重565.2kg。其质量验收应符合GB 50204		
	2Z	DDB3312-2Z尺寸为2340mm×1200mm×60mm，其混凝土等级为C30，用量为0.226m³。含钢量21.39kg，板重565.2kg。其质量验收应符合GB 50204		
	3Z	DDB3312-3Z尺寸为2340mm×1200mm×60mm，其混凝土等级为C30，用量为0.226m³。含钢量21.39kg，板重565.2kg。其质量验收应符合GB 50204		
	4Z	DDB3312-4Z尺寸为2340mm×1200mm×60mm，其混凝土等级为C30，用量为0.226m³。含钢量21.39kg，板重565.2kg。其质量验收应符合GB 50204		

续表

构件编号	型号	技术参数	图例	
			Revit	Tekla
DDB3318	1Z	DDB3318-1Z尺寸为3140mm×1800mm×60mm，其混凝土等级为C30，用量为0.339m³。含钢量26.42kg，板重847.5kg。其质量验收应符合GB 50204		
	2Z	DDB3318-2Z尺寸为3140mm×1800mm×60mm，其混凝土等级为C30，用量为0.339m³。含钢量26.42kg，板重847.5kg。其质量验收应符合GB 50204		
	3Z	DDB3318-3Z尺寸为3140mm×1800mm×60mm，其混凝土等级为C30，用量为0.339m³。含钢量26.42kg，板重847.5kg。其质量验收应符合GB 50204		
	4Z	DDB3318-4Z尺寸为3140mm×1800mm×60mm，其混凝土等级为C30，用量为0.339m³。含钢量27.65kg，板重847.5kg。其质量验收应符合GB 50204		
DDB3324	1Z	DDB3324-1Z尺寸为3140mm×2400mm×60mm，其混凝土等级为C30，用量为0.452m³。含钢量36.00kg，板重1130.0kg。其质量验收应符合GB 50204		
	2Z	DDB3324-2Z尺寸为3140mm×2400mm×60mm，其混凝土等级为C30，用量为0.452m³。含钢量36.00kg，板重1130.0kg。其质量验收应符合GB 50204		

续表

构件编号	型号	技术参数	图例	
			Revit	Tekla
DDB3324	3Z	DDB3324-3Z尺寸为3140mm× 2400mm×60mm，其混凝土等级为C30，用量为0.452m³。含钢量36.00kg，板重1130.0kg。其质量验收应符合GB 50204		
	4Z	DDB3324-4Z尺寸为3140mm× 2400mm×60mm，其混凝土等级为C30，用量为0.452m³。含钢量37.23kg，板重1130.0kg。其质量验收应符合GB 50204		
DDB3612	1Z	DDB3612-1Z尺寸为3440mm× 1200mm×60mm，其混凝土等级为C30，用量为0.248m³。含钢量23.22kg，板重620.0kg。其质量验收应符合GB 50204		
	2Z	DDB3612-2Z尺寸为3440mm× 1200mm×60mm，其混凝土等级为C30，用量为0.248m³。含钢量23.22kg，板重620.0kg。其质量验收应符合GB 50204		
	3Z	DDB3612-3Z尺寸为3440mm× 1200mm×60mm，其混凝土等级为C30，用量为0.248m³。含钢量23.22kg，板重620.0kg。其质量验收应符合GB 50204		
	4Z	DDB3612-4Z尺寸为3440mm× 1200mm×60mm，其混凝土等级为C30，用量为0.248m³。含钢量23.22kg，板重620.0kg。其质量验收应符合GB 50204		

续表

构件编号	型号	技术参数	图例	
			Revit	Tekla
DDB3618	1Z	DDB3618-1Z尺寸为3440mm× 1800mm×60mm，其混凝土等级 为C30，用量为0.372m³。含钢量 28.59kg，板重930.0kg。其质量 验收应符合GB 50204		
	2Z	DDB3618-2Z尺寸为3440mm× 1800mm×60mm，其混凝土等级 为C30，用量为0.248m³。含钢量 28.59kg，板重930.0kg。其质量 验收应符合GB 50204		
	3Z	DDB3618-3Z尺寸为3440mm× 1800mm×60mm，其混凝土等级 为C30，用量为0.248m³。含钢量 29.94kg，板重930.0kg。其质量 验收应符合GB 50204		
	4Z	DDB3618-4Z尺寸为3440mm× 1800mm×60mm，其混凝土等级 为C30，用量为0.248m³。含钢量 40.8kg，板重930.0kg。其质量验 收应符合GB 50204		
DDB3624	1Z	DDB3624-1Z尺寸为3440mm× 1800mm×60mm，其混凝土等级 为C30，用量为0.495m³。含钢量 38.95kg，板重1237.5kg。其质量 验收应符合GB 50204		
	2Z	DDB3624-2Z尺寸为3440mm× 1800mm×60mm，其混凝土等级 为C30，用量为0.495m³。含钢量 38.95kg，板重1237.5kg。其质量 验收应符合GB 50204		

续表

构件编号	型号	技术参数	图例	
			Revit	Tekla
DDB3624	3Z	DDB3624-3Z尺寸为3440mm×1800mm×60mm，其混凝土等级为C30，用量为0.495m³。含钢量40.30kg，板重1237.5kg。其质量验收应符合GB 50204		
	4Z	DDB3624-4Z尺寸为3440mm×1800mm×60mm，其混凝土等级为C30，用量为0.495m³。含钢量44.34kg，板重1237.5kg。其质量验收应符合GB 50204		
DDB3912	1Z	DDB3912-1Z尺寸为3740mm×1200mm×60mm，其混凝土等级为C30，用量为0.269m³。含钢量25.03kg，板重672.5kg。其质量验收应符合GB 50204		
	2Z	DDB3912-2Z尺寸为3740mm×1200mm×60mm，其混凝土等级为C30，用量为0.269m³。含钢量25.03kg，板重672.5kg。其质量验收应符合GB 50204		
	3Z	DDB3912-3Z尺寸为3740mm×1200mm×60mm，其混凝土等级为C30，用量为0.269m³。含钢量25.03kg，板重672.5kg。其质量验收应符合GB 50204		
	4Z	DDB3912-4Z尺寸为3740mm×1200mm×60mm，其混凝土等级为C30，用量为0.269m³。含钢量28.33kg，板重672.5kg。其质量验收应符合GB 50204		

续表

构件编号	型号	技术参数	图例	
			Revit	Tekla
DDB3918	1Z	DDB3918-1Z尺寸为3740mm×1800mm×60mm，其混凝土等级为C30，用量为0.404m³。含钢量30.76kg，板重1010.0kg。其质量验收应符合GB 50204		
	2Z	DDB3918-2Z尺寸为3740mm×1800mm×60mm，其混凝土等级为C30，用量为0.404m³。含钢量30.76kg，板重1010.0kg。其质量验收应符合GB 50204		
	3Z	DDB3918-3Z尺寸为3740mm×1800mm×60mm，其混凝土等级为C30，用量为0.404m³。含钢量33.69kg，板重1010.0kg。其质量验收应符合GB 50204		
	4Z	DDB3918-4Z尺寸为3740mm×1800mm×60mm，其混凝土等级为C30，用量为0.404m³。含钢量39.45kg，板重1010.0kg。其质量验收应符合GB 50204		
DDB3924	1Z	DDB3924-1Z尺寸为3740mm×2400mm×60mm，其混凝土等级为C30，用量为0.539m³。含钢量41.91kg，板重1347.5kg。其质量验收应符合GB 50204		
	2Z	DDB3924-2Z尺寸为3740mm×2400mm×60mm，其混凝土等级为C30，用量为0.539m³。含钢量41.91kg，板重1347.5kg。其质量验收应符合GB 50204		

续表

构件编号	型号	技术参数	图例	
			Revit	Tekla
DDB3924	3Z	DDB3924-3Z尺寸为3740mm×2400mm×60mm，其混凝土等级为C30，用量为0.539m³。含钢量46.31kg，板重1347.5kg。其质量验收应符合GB 50204		
	4Z	DDB3924-4Z尺寸为3740mm×2400mm×60mm，其混凝土等级为C30，用量为0.539m³。含钢量51.43kg，板重1347.5kg。其质量验收应符合GB 50204		
DDB4212	1Z	DDB4212-1Z尺寸为4040mm×1200mm×60mm，其混凝土等级为C30，用量为0.291m³。含钢量27.30kg，板重727.5kg。其质量验收应符合GB 50204		
	2Z	DDB4212-2Z尺寸为4040mm×1200mm×60mm，其混凝土等级为C30，用量为0.291m³。含钢量27.30kg，板重727.5kg。其质量验收应符合GB 50204		
	3Z	DDB4212-3Z尺寸为4040mm×1200mm×60mm，其混凝土等级为C30，用量为0.291m³。含钢量28.89kg，板重727.5kg。其质量验收应符合GB 50204		
	4Z	DDB4212-4Z尺寸为4040mm×1200mm×60mm，其混凝土等级为C30，用量为0.291m³。含钢量33.34kg，板重727.5kg。其质量验收应符合GB 50204		

续表

构件编号	型号	技术参数	图例	
			Revit	Tekla
DDB4218	1Z	DDB4218-1Z尺寸为4040mm×1800mm×60mm，其混凝土等级为C30，用量为0.436m³。含钢量33.64kg，板重1090.0kg。其质量验收应符合GB 50204		
	2Z	DDB4218-2Z尺寸为4040mm×1800mm×60mm，其混凝土等级为C30，用量为0.436m³。含钢量36.81kg，板重1090.0kg。其质量验收应符合GB 50204		
	3Z	DDB4218-3Z尺寸为4040mm×1800mm×60mm，其混凝土等级为C30，用量为0.436m³。含钢量39.98kg，板重1090.0kg。其质量验收应符合GB 50204		
	4Z	DDB4218-4Z尺寸为4040mm×1800mm×60mm，其混凝土等级为C30，用量为0.436m³。含钢量45.51kg，板重1090.0kg。其质量验收应符合GB 50204		
DDB4224	1Z	DDB4224-1Z尺寸为4040mm×2400mm×60mm，其混凝土等级为C30，用量为0.582m³。含钢量45.81kg，板重1455.0kg。其质量验收应符合GB 50204		
	2Z	DDB4224-2Z尺寸为4040mm×2400mm×60mm，其混凝土等级为C30，用量为0.582m³。含钢量48.98kg，板重1455.0kg。其质量验收应符合GB 50204		

续表

构件编号	型号	技术参数	图例	
			Revit	Tekla
DDB4224	3Z	DDB4224-3Z尺寸为4040mm×2400mm×60mm，其混凝土等级为C30，用量为0.582m³。含钢量53.73kg，板重1455.0kg。其质量验收应符合GB 50204		
	4Z	DDB4224-4Z尺寸为4040mm×2400mm×60mm，其混凝土等级为C30，用量为0.582m³。含钢量61.05kg，板重1455.0kg。其质量验收应符合GB 50204		
DDB4512	1Z	DDB4512-1Z尺寸为4340mm×1200mm×60mm，其混凝土等级为C30，用量为0.312m³。含钢量29.12kg，板重780.0kg。其质量验收应符合GB 50204		
	2Z	DDB4512-2Z尺寸为4340mm×1200mm×60mm，其混凝土等级为C30，用量为0.312m³。含钢量29.12kg，板重780.0kg。其质量验收应符合GB 50204		
	3Z	DDB4512-3Z尺寸为4340mm×1200mm×60mm，其混凝土等级为C30，用量为0.312m³。含钢量32.95kg，板重780.0kg。其质量验收应符合GB 50204		
	4Z	DDB4512-4Z尺寸为4340mm×1200mm×60mm，其混凝土等级为C30，用量为0.312m³。含钢量36.78kg，板重780.0kg。其质量验收应符合GB 50204		

续表

构件编号	型号	技术参数	图例	
			Revit	Tekla
DDB4518	1Z	DDB4518-1Z尺寸为4340mm×1800mm×60mm，其混凝土等级为C30，用量为0.469m³。含钢量37.49kg，板重1172.5kg。其质量验收应符合GB 50204		
	2Z	DDB4518-2Z尺寸为4340mm×1800mm×60mm，其混凝土等级为C30，用量为0.469m³。含钢量40.90kg，板重1172.5kg。其质量验收应符合GB 50204		
	3Z	DDB4518-3Z尺寸为4340mm×1800mm×60mm，其混凝土等级为C30，用量为0.469m³。含钢量45.89kg，板重1172.5kg。其质量验收应符合GB 50204		
	4Z	DDB4518-4Z尺寸为4340mm×1800mm×60mm，其混凝土等级为C30，用量为0.469m³。含钢量52.38kg，板重1172.5kg。其质量验收应符合GB 50204		
DDB4524	1Z	DDB4524-1Z尺寸为4340mm×2400mm×60mm，其混凝土等级为C30，用量为0.625m³。含钢量50.48kg，板重1562.5kg。其质量验收应符合GB 50204		
	2Z	DDB4524-2Z尺寸为4340mm×2400mm×60mm，其混凝土等级为C30，用量为0.625m³。含钢量55.58kg，板重1562.5kg。其质量验收应符合GB 50204		

续表

构件编号	型号	技术参数	图例	
			Revit	Tekla
DDB4524	3Z	DDB4524-3Z尺寸为4340mm× 2400mm×60mm，其混凝土等级 为C30，用量为0.625m³。含钢量 62.49kg，板重1562.5kg。其质量 验收应符合GB 50204		
	4Z	DDB4524-4Z尺寸为4340mm× 2400mm×60mm，其混凝土等级 为C30，用量为0.625m³。含钢量 70.90kg，板重1562.5kg。其质量 验收应符合GB 50204		
SDB2430	1	SDB2430-1尺寸为2240mm× 3000mm×60mm，其混凝土等级 为C30，用量为0.38m³。含钢量 36.95kg，板重954.24kg。其质量 验收应符合GB 50204		
	2	SDB2430-2尺寸为2240mm× 3000mm×60mm，其混凝土等级 为C30，用量为0.38m³。含钢量 36.95kg，板重954.24kg。其质量 验收应符合GB 50204		
	3	SDB2430-3尺寸为2240mm× 3000mm×60mm，其混凝土等级 为C30，用量为0.38m³。含钢量 36.95kg，板重954.24kg。其质量 验收应符合GB 50204		
	4	SDB2430-4尺寸为2240mm× 3000mm×60mm，其混凝土等级 为C30，用量为0.38m³。含钢量 36.95kg，板重954.24kg。其质量 验收应符合GB 50204		

续表

构件编号	型号	技术参数	图例	
			Revit	Tekla
SDB2730	1	SDB2730-1尺寸为2540mm× 3000mm×60mm，其混凝土等级 为C30，用量为0.43m³。含钢量 41.13kg，板重1082.04kg。其质 量验收应符合GB 50204		
	2	SDB2730-2尺寸为2540mm× 3000mm×60mm，其混凝土等级 为C30，用量为0.43m³。含钢量 41.13kg，板重1082.04kg。其质 量验收应符合GB 50204		
	3	SDB2730-3尺寸为2540mm× 3000mm×60mm，其混凝土等级 为C30，用量为0.43m³。含钢量 41.13kg，板重1082.04kg。其质 量验收应符合GB 50204		
	4	SDB2730-4尺寸为2540mm× 3000mm×60mm，其混凝土等级 为C30，用量为0.43m³。含钢量 41.13kg，板重1082.04kg。其质 量验收应符合GB 50204		
SDB3030	1	SDB3030-1尺寸为2840mm× 3000mm×60mm，其混凝土等级 为C30，用量为0.48m³。含钢量 45.30kg，板重1209.84kg。其质 量验收应符合GB 50204		
	2	SDB3030-2尺寸为2840mm× 3000mm×60mm，其混凝土等级 为C30，用量为0.48m³。含钢量 45.30kg，板重1209.84kg。其质 量验收应符合GB 50204		

续表

构件编号	型号	技术参数	图例	
			Revit	Tekla
SDB3030	3	SDB3030-3尺寸为2840mm×3000mm×60mm，其混凝土等级为C30，用量为0.48m³。含钢量45.30kg，板重1209.84kg。其质量验收应符合GB 50204		
	4	SDB3030-4尺寸为2840mm×3000mm×60mm，其混凝土等级为C30，用量为0.48m³。含钢量45.30kg，板重1209.84kg。其质量验收应符合GB 50204		
SDB2433	1	SDB2433-1尺寸为2240mm×3300mm×60mm，其混凝土等级为C30，用量为0.42m³。含钢量36.40kg，板重1055.04kg。其质量验收应符合GB 50204		
	2	SDB2433-2尺寸为2240mm×3300mm×60mm，其混凝土等级为C30，用量为0.42m³。含钢量36.40kg，板重1055.04kg。其质量验收应符合GB 50204		
	3	SDB2433-3尺寸为2240mm×3300mm×60mm，其混凝土等级为C30，用量为0.42m³。含钢量36.40kg，板重1055.04kg。其质量验收应符合GB 50204		
	4	SDB2433-4尺寸为2240mm×3300mm×60mm，其混凝土等级为C30，用量为0.42m³。含钢量36.40kg，板重1055.04kg。其质量验收应符合GB 50204		

续表

构件编号	型号	技术参数	图例	
			Revit	Tekla
SDB2733	1	SDB2733-1尺寸为2540mm×3300mm×60mm，其混凝土等级为C30，用量为0.48m³。含钢量41.79kg，板重1196.34kg。其质量验收应符合GB 50204		
	2	SDB2733-2尺寸为2540mm×3300mm×60mm，其混凝土等级为C30，用量为0.48m³。含钢量41.79kg，板重1196.34kg。其质量验收应符合GB 50204		
	3	SDB2733-3尺寸为2540mm×3300mm×60mm，其混凝土等级为C30，用量为0.48m³。含钢量41.79kg，板重1196.34kg。其质量验收应符合GB 50204		
	4	SDB2733-4尺寸为2540mm×3300mm×60mm，其混凝土等级为C30，用量为0.48m³。含钢量41.79kg，板重1196.34kg。其质量验收应符合GB 50204		
SDB3033	1	SDB3033-1尺寸为2840mm×3300mm×60mm，其混凝土等级为C30，用量为0.54m³。含钢量44.97kg，板重1337.64kg。其质量验收应符合GB 50204		
	2	SDB3033-2尺寸为2840mm×3300mm×60mm，其混凝土等级为C30，用量为0.54m³。含钢量44.97kg，板重1337.64kg。其质量验收应符合GB 50204		

续表

构件编号	型号	技术参数	图例	
			Revit	Tekla
SDB3033	3	SDB3033-3尺寸为2840mm×3300mm×60mm，其混凝土等级为C30，用量为0.54m³。含钢量44.97kg，板重1337.64kg。其质量验收应符合GB 50204		
	4	SDB3033-4尺寸为2840mm×3300mm×60mm，其混凝土等级为C30，用量为0.54m³。含钢量44.97kg，板重1337.64kg。其质量验收应符合GB 50204		
SDB3333	1	SDB3333-1尺寸为3140mm×3300mm×60mm，其混凝土等级为C30，用量为0.59m³。含钢量51.02kg，板重1478.94kg。其质量验收应符合GB 50204		
	2	SDB3333-2尺寸为3140mm×3300mm×60mm，其混凝土等级为C30，用量为0.59m³。含钢量51.02kg，板重1478.94kg。其质量验收应符合GB 50204		
	3	SDB3333-3尺寸为3140mm×3300mm×60mm，其混凝土等级为C30，用量为0.59m³。含钢量51.02kg，板重1478.94kg。其质量验收应符合GB 50204		
	4	SDB3333-4尺寸为3140mm×3300mm×60mm，其混凝土等级为C30，用量为0.59m³。含钢量51.02kg，板重1478.94kg。其质量验收应符合GB 50204		

续表

构件编号	型号	技术参数	图例	
			Revit	Tekla
SDB2436	1	SDB2436-1尺寸为2240mm×3600mm×60mm，其混凝土等级为C30，用量为0.46m³。含钢量41.31kg，板重1155.84kg。其质量验收应符合GB 50204		
	2	SDB2436-2尺寸为2240mm×3600mm×60mm，其混凝土等级为C30，用量为0.46m³。含钢量41.31kg，板重1155.84kg。其质量验收应符合GB 50204		
	3	SDB2436-3尺寸为2240mm×3600mm×60mm，其混凝土等级为C30，用量为0.46m³。含钢量41.31kg，板重1155.84kg。其质量验收应符合GB 50204		
	4	SDB2436-4尺寸为2240mm×3600mm×60mm，其混凝土等级为C30，用量为0.46m³。含钢量41.31kg，板重1155.84kg。其质量验收应符合GB 50204		
SDB2736	1	SDB2736-1尺寸为2540mm×3600mm×60mm，其混凝土等级为C30，用量为0.52m³。含钢量47.42kg，板重1310.64kg。其质量验收应符合GB 50204		
	2	SDB2736-2尺寸为2540mm×3600mm×60mm，其混凝土等级为C30，用量为0.52m³。含钢量47.42kg，板重1310.64kg。其质量验收应符合GB 50204		

续表

构件编号	型号	技术参数	图例	
			Revit	Tekla
SDB2736	3	SDB2736-3尺寸为2540mm×3600mm×60mm，其混凝土等级为C30，用量为0.52m³。含钢量47.42kg，板重1310.64kg。其质量验收应符合GB 50204		
	4	SDB2736-4尺寸为2540mm×3600mm×60mm，其混凝土等级为C30，用量为0.52m³。含钢量47.42kg，板重1310.64kg。其质量验收应符合GB 50204		
SDB3036	1	SDB3036-1尺寸为2840mm×3600mm×60mm，其混凝土等级为C30，用量为0.59m³。含钢量52.18kg，板重1465.44kg。其质量验收应符合GB 50204		
	2	SDB3036-2尺寸为2840mm×3600mm×60mm，其混凝土等级为C30，用量为0.59m³。含钢量52.18kg，板重1465.44kg。其质量验收应符合GB 50204		
	3	SDB3036-3尺寸为2840mm×3600mm×60mm，其混凝土等级为C30，用量为0.59m³。含钢量52.18kg，板重1465.44kg。其质量验收应符合GB 50204		
	4	SDB3036-4尺寸为2840mm×3600mm×60mm，其混凝土等级为C30，用量为0.59m³。含钢量52.18kg，板重1465.44kg。其质量验收应符合GB 50204		

续表

构件编号	型号	技术参数	图例	
			Revit	Tekla
SDB3336	1	SDB3336-1尺寸为3140mm×3600mm×60mm，其混凝土等级为C30，用量为0.65m³。含钢量58.29kg，板重1620.24kg。其质量验收应符合GB 50204		
	2	SDB3336-2尺寸为3140mm×3600mm×60mm，其混凝土等级为C30，用量为0.65m³。含钢量58.29kg，板重1620.24kg。其质量验收应符合GB 50204		
	3	SDB3336-3尺寸为3140mm×3600mm×60mm，其混凝土等级为C30，用量为0.65m³。含钢量58.29kg，板重1620.24kg。其质量验收应符合GB 50204		
	4	SDB3336-4尺寸为3140mm×3600mm×60mm，其混凝土等级为C30，用量为0.65m³。含钢量58.29kg，板重1620.24kg。其质量验收应符合GB 50204		
SDB3636	1	SDB3636-1尺寸为3440mm×3600mm×60mm，其混凝土等级为C30，用量为0.71m³。含钢量63.05kg，板重1775.04kg。其质量验收应符合GB 50204		
	2	SDB3636-2尺寸为3440mm×3600mm×60mm，其混凝土等级为C30，用量为0.71m³。含钢量63.05kg，板重1775.04kg。其质量验收应符合GB 50204		

续表

构件编号	型号	技术参数	图例	
			Revit	Tekla
SDB3636	3	SDB3636-3尺寸为3440mm×3600mm×60mm，其混凝土等级为C30，用量为0.71m³。含钢量63.05kg，板重1775.04kg。其质量验收应符合GB 50204		
	4	SDB3636-4尺寸为3440mm×3600mm×60mm，其混凝土等级为C30，用量为0.71m³。含钢量63.05kg，板重1775.04kg。其质量验收应符合GB 50204		
SDB2439	1	SDB2439-1尺寸为2240mm×3900mm×60mm，其混凝土等级为C30，用量为0.50m³。含钢量43.61kg，板重1256.64kg。其质量验收应符合GB 50204		
	2	SDB2439-2尺寸为2240mm×3900mm×60mm，其混凝土等级为C30，用量为0.50m³。含钢量43.61kg，板重1256.64kg。其质量验收应符合GB 50204		
	3	SDB2439-3尺寸为2240mm×3900mm×60mm，其混凝土等级为C30，用量为0.50m³。含钢量43.61kg，板重1256.64kg。其质量验收应符合GB 50204		
	4	SDB2439-4尺寸为2240mm×3900mm×60mm，其混凝土等级为C30，用量为0.50m³。含钢量43.61kg，板重1256.64kg。其质量验收应符合GB 50204		

续表

构件编号	型号	技术参数	图例	
			Revit	Tekla
SDB2739	1	SDB2739-1尺寸为2540mm× 3900mm×60mm，其混凝土等级为C30，用量为0.57m³。含钢量50.07kg，板重1424.94kg。其质量验收应符合GB 50204		
	2	SDB2739-2尺寸为2540mm× 3900mm×60mm，其混凝土等级为C30，用量为0.57m³。含钢量50.07kg，板重1424.94kg。其质量验收应符合GB 50204		
	3	SDB2739-3尺寸为2540mm× 3900mm×60mm，其混凝土等级为C30，用量为0.57m³。含钢量50.07kg，板重1424.94kg。其质量验收应符合GB 50204		
	4	SDB2739-4尺寸为2540mm× 3900mm×60mm，其混凝土等级为C30，用量为0.57m³。含钢量50.07kg，板重1424.94kg。其质量验收应符合GB 50204		
SDB3039	1	SDB3039-1尺寸为2840mm× 3900mm×60mm，其混凝土等级为C30，用量为0.64m³。含钢量55.07kg，板重1593.24kg。其质量验收应符合GB 50204		
	2	SDB3039-2尺寸为2840mm× 3900mm×60mm，其混凝土等级为C30，用量为0.64m³。含钢量55.07kg，板重1593.24kg。其质量验收应符合GB 50204		

构件编号	型号	技术参数	图例	
			Revit	Tekla
SDB3039	3	SDB3039-3尺寸为2840mm×3900mm×60mm，其混凝土等级为C30，用量为0.64m³。含钢量55.07kg，板重1593.24kg。其质量验收应符合GB 50204		
	4	SDB3039-4尺寸为2840mm×3900mm×60mm，其混凝土等级为C30，用量为0.64m³。含钢量55.07kg，板重1593.24kg。其质量验收应符合GB 50204		
SDB3339	1	SDB3339-1尺寸为3140mm×3900mm×60mm，其混凝土等级为C30，用量为0.70m³。含钢量61.53kg，板重1761.54kg。其质量验收应符合GB 50204		
	2	SDB3339-2尺寸为3140mm×3900mm×60mm，其混凝土等级为C30，用量为0.70m³。含钢量61.53kg，板重1761.54kg。其质量验收应符合GB 50204		
	3	SDB3339-3尺寸为3140mm×3900mm×60mm，其混凝土等级为C30，用量为0.70m³。含钢量61.53kg，板重1761.54kg。其质量验收应符合GB 50204		
	4	SDB3339-4尺寸为3140mm×3900mm×60mm，其混凝土等级为C30，用量为0.70m³。含钢量61.53kg，板重1761.54kg。其质量验收应符合GB 50204		

续表

构件编号	型号	技术参数	图例	
			Revit	Tekla
SDB3639	1	SDB3639-1尺寸为3440mm×3900mm×60mm，其混凝土等级为C30，用量为0.77m³。含钢量66.52kg，板重1929.84kg。其质量验收应符合GB 50204		
	2	SDB3639-2尺寸为3440mm×3900mm×60mm，其混凝土等级为C30，用量为0.77m³。含钢量66.52kg，板重1929.84kg。其质量验收应符合GB 50204		
	3	SDB3639-3尺寸为3440mm×3900mm×60mm，其混凝土等级为C30，用量为0.77m³。含钢量66.52kg，板重1929.84kg。其质量验收应符合GB 50204		
	4	SDB3639-4尺寸为3440mm×3900mm×60mm，其混凝土等级为C30，用量为0.77m³。含钢量66.52kg，板重1929.84kg。其质量验收应符合GB 50204		
SDB3939	1	SDB3939-1尺寸为3740mm×3900mm×60mm，其混凝土等级为C30，用量为0.84m³。含钢量72.99kg，板重2098.14kg。其质量验收应符合GB 50204		
	2	SDB3939-2尺寸为3740mm×3900mm×60mm，其混凝土等级为C30，用量为0.84m³。含钢量72.99kg，板重2098.14kg。其质量验收应符合GB 50204		

续表

构件编号	型号	技术参数	图例	
			Revit	Tekla
SDB3939	3	SDB3939-3尺寸为3740mm×3900mm×60mm，其混凝土等级为C30，用量为0.84m³。含钢量72.99kg，板重2098.14kg。其质量验收应符合GB 50204		
	4	SDB3939-4尺寸为3740mm×3900mm×60mm，其混凝土等级为C30，用量为0.84m³。含钢量72.99kg，板重2098.14kg。其质量验收应符合GB 50204		
SDB2442	1	SDB2442-1尺寸为2240mm×4200mm×60mm，其混凝土等级为C30，用量为0.54m³。含钢量47.38kg，板重1357.44kg。其质量验收应符合GB 50204		
	2	SDB2442-2尺寸为2240mm×4200mm×60mm，其混凝土等级为C30，用量为0.54m³。含钢量47.38kg，板重1357.44kg。其质量验收应符合GB 50204		
	3	SDB2442-3尺寸为2240mm×4200mm×60mm，其混凝土等级为C30，用量为0.54m³。含钢量47.38kg，板重1357.44kg。其质量验收应符合GB 50204		
	4	SDB2442-4尺寸为2240mm×4200mm×60mm，其混凝土等级为C30，用量为0.54m³。含钢量47.38kg，板重1357.44kg。其质量验收应符合GB 50204		

续表

构件编号	型号	技术参数	图例	
			Revit	Tekla
SDB2742	1	SDB2742-1尺寸为2540mm×4200mm×60mm，其混凝土等级为C30，用量为0.62m³。含钢量54.41kg，板重1539.24kg。其质量验收应符合GB 50204		
	2	SDB2742-2尺寸为2540mm×4200mm×60mm，其混凝土等级为C30，用量为0.62m³。含钢量54.41kg，板重1539.24kg。其质量验收应符合GB 50204		
	3	SDB2742-3尺寸为2540mm×4200mm×60mm，其混凝土等级为C30，用量为0.62m³。含钢量54.41kg，板重1539.24kg。其质量验收应符合GB 50204		
	4	SDB2742-4尺寸为2540mm×4200mm×60mm，其混凝土等级为C30，用量为0.62m³。含钢量54.41kg，板重1539.24kg。其质量验收应符合GB 50204		
SDB3042	1	SDB3042-1尺寸为2840mm×4200mm×60mm，其混凝土等级为C30，用量为0.69m³。含钢量59.84kg，板重1721.04kg。其质量验收应符合GB 50204		
	2	SDB3042-2尺寸为2840mm×4200mm×60mm，其混凝土等级为C30，用量为0.69m³。含钢量59.84kg，板重1721.04kg。其质量验收应符合GB 50204		

续表

构件编号	型号	技术参数	图例	
			Revit	Tekla
SDB3042	3	SDB3042-3尺寸为2840mm×4200mm×60mm，其混凝土等级为C30，用量为0.69m³。含钢量59.84kg，板重1721.04kg。其质量验收应符合GB 50204		
	4	SDB3042-4尺寸为2840mm×4200mm×60mm，其混凝土等级为C30，用量为0.69m³。含钢量59.84kg，板重1721.04kg。其质量验收应符合GB 50204		
SDB3342	1	SDB3342-1尺寸为3140mm×4200mm×60mm，其混凝土等级为C30，用量为0.76m³。含钢量66.87kg，板重1902.84kg。其质量验收应符合GB 50204		
	2	SDB3342-2尺寸为3140mm×4200mm×60mm，其混凝土等级为C30，用量为0.76m³。含钢量66.87kg，板重1902.84kg。其质量验收应符合GB 50204		
	3	SDB3342-3尺寸为3140mm×4200mm×60mm，其混凝土等级为C30，用量为0.76m³。含钢量66.87kg，板重1902.84kg。其质量验收应符合GB 50204		
	4	SDB3342-4尺寸为3140mm×4200mm×60mm，其混凝土等级为C30，用量为0.76m³。含钢量66.87kg，板重1902.84kg。其质量验收应符合GB 50204		

续表

构件编号	型号	技术参数	图例	
			Revit	Tekla
SDB3642	1	SDB3642-1尺寸为3440mm×4200mm×60mm，其混凝土等级为C30，用量为0.83m³。含钢量72.30kg，板重2084.64kg。其质量验收应符合GB 50204		
	2	SDB3642-2尺寸为3440mm×4200mm×60mm，其混凝土等级为C30，用量为0.83m³。含钢量72.30kg，板重2084.64kg。其质量验收应符合GB 50204		
	3	SDB3642-3尺寸为3440mm×4200mm×60mm，其混凝土等级为C30，用量为0.83m³。含钢量72.30kg，板重2084.64kg。其质量验收应符合GB 50204		
	4	SDB3642-4尺寸为3440mm×4200mm×60mm，其混凝土等级为C30，用量为0.83m³。含钢量72.30kg，板重2084.64kg。其质量验收应符合GB 50204		
SDB3942	1	SDB3942-1尺寸为3940mm×4200mm×60mm，其混凝土等级为C30，用量为0.91m³。含钢量79.32kg，板重2266.44kg。其质量验收应符合GB 50204		
	2	SDB3942-2尺寸为3940mm×4200mm×60mm，其混凝土等级为C30，用量为0.91m³。含钢量79.32kg，板重2266.44kg。其质量验收应符合GB 50204		

续表

构件编号	型号	技术参数	图例	
			Revit	Tekla
SDB3942	3	SDB3942-3尺寸为3940mm×4200mm×60mm，其混凝土等级为C30，用量为0.91m³。含钢量79.32kg，板重2266.44kg。其质量验收应符合GB 50204		
	4	SDB3942-4尺寸为3940mm×4200mm×60mm，其混凝土等级为C30，用量为0.91m³。含钢量79.32kg，板重2266.44kg。其质量验收应符合GB 50204		
SDB4242	1	SDB4242-1尺寸为4040mm×4200mm×60mm，其混凝土等级为C30，用量为0.98m³。含钢量84.76kg，板重2448.24kg。其质量验收应符合GB 50204		
	2	SDB4242-2尺寸为4040mm×4200mm×60mm，其混凝土等级为C30，用量为0.98m³。含钢量84.76kg，板重2448.24kg。其质量验收应符合GB 50204		
	3	SDB4242-3尺寸为4040mm×4200mm×60mm，其混凝土等级为C30，用量为0.98m³。含钢量84.76kg，板重2448.24kg。其质量验收应符合GB 50204		
	4	SDB4242-4尺寸为4040mm×4200mm×60mm，其混凝土等级为C30，用量为0.98m³。含钢量84.76kg，板重2448.24kg。其质量验收应符合GB 50204		

续表

构件编号	型号	技术参数	图例	
			Revit	Tekla
SDB2445	1	SDB2445-1尺寸为2240mm×4500mm×60mm，其混凝土等级为C30，用量为0.58m³。含钢量51.42kg，板重1458.24kg。其质量验收应符合GB 50204		
	2	SDB2445-2尺寸为2240mm×4500mm×60mm，其混凝土等级为C30，用量为0.58m³。含钢量51.42kg，板重1458.24kg。其质量验收应符合GB 50204		
	3	SDB2445-3尺寸为2240mm×4500mm×60mm，其混凝土等级为C30，用量为0.58m³。含钢量51.42kg，板重1458.24kg。其质量验收应符合GB 50204		
	4	SDB2445-4尺寸为2240mm×4500mm×60mm，其混凝土等级为C30，用量为0.58m³。含钢量51.42kg，板重1458.24kg。其质量验收应符合GB 50204		
SDB2745	1	SDB2745-1尺寸为2540mm×4500mm×60mm，其混凝土等级为C30，用量为0.66m³。含钢量59.03kg，板重1653.54kg。其质量验收应符合GB 50204		
	2	SDB2745-2尺寸为2540mm×4500mm×60mm，其混凝土等级为C30，用量为0.66m³。含钢量59.03kg，板重1653.54kg。其质量验收应符合GB 50204		

续表

构件编号	型号	技术参数	图例	
			Revit	Tekla
SDB2745	3	SDB2745-3尺寸为2540mm×4500mm×60mm，其混凝土等级为C30，用量为0.66m³。含钢量59.03kg，板重1653.54kg。其质量验收应符合GB 50204		
	4	SDB2745-4尺寸为2540mm×4500mm×60mm，其混凝土等级为C30，用量为0.66m³。含钢量59.03kg，板重1653.54kg。其质量验收应符合GB 50204		
SDB3045	1	SDB3045-1尺寸为2840mm×4500mm×60mm，其混凝土等级为C30，用量为0.74m³。含钢量64.95kg，板重1848.84kg。其质量验收应符合GB 50204		
	2	SDB3045-2尺寸为2840mm×4500mm×60mm，其混凝土等级为C30，用量为0.74m³。含钢量64.95kg，板重1848.84kg。其质量验收应符合GB 50204		
	3	SDB3045-3尺寸为2840mm×4500mm×60mm，其混凝土等级为C30，用量为0.74m³。含钢量64.95kg，板重1848.84kg。其质量验收应符合GB 50204		
	4	SDB3045-4尺寸为2840mm×4500mm×60mm，其混凝土等级为C30，用量为0.74m³。含钢量64.95kg，板重1848.84kg。其质量验收应符合GB 50204		

续表

构件编号	型号	技术参数	图例	
			Revit	Tekla
SDB3345	1	SDB3345-1尺寸为3140mm×4500mm×60mm，其混凝土等级为C30，用量为0.82m³。含钢量72.56kg，板重2044.14kg。其质量验收应符合GB 50204		
	2	SDB3345-2尺寸为3140mm×4500mm×60mm，其混凝土等级为C30，用量为0.82m³。含钢量72.56kg，板重2044.14kg。其质量验收应符合GB 50204		
	3	SDB3345-3尺寸为3140mm×4500mm×60mm，其混凝土等级为C30，用量为0.82m³。含钢量72.56kg，板重2044.14kg。其质量验收应符合GB 50204		
	4	SDB3345-4尺寸为3140mm×4500mm×60mm，其混凝土等级为C30，用量为0.82m³。含钢量72.56kg，板重2044.14kg。其质量验收应符合GB 50204		
SDB3645	1	SDB3645-1尺寸为3440mm×4500mm×60mm，其混凝土等级为C30，用量为0.90m³。含钢量78.47kg，板重2239.44kg。其质量验收应符合GB 50204		
	2	SDB3645-2尺寸为3440mm×4500mm×60mm，其混凝土等级为C30，用量为0.90m³。含钢量78.47kg，板重2239.44kg。其质量验收应符合GB 50204		

续表

构件编号	型号	技术参数	图例	
			Revit	Tekla
SDB3645	3	SDB3645-3尺寸为3440mm×4500mm×60mm，其混凝土等级为C30，用量为0.90m³。含钢量78.47kg，板重2239.44kg。其质量验收应符合GB 50204		
	4	SDB3645-4尺寸为3440mm×4500mm×60mm，其混凝土等级为C30，用量为0.90m³。含钢量78.47kg，板重2239.44kg。其质量验收应符合GB 50204		
SDB3945	1	SDB3945-1尺寸为3740mm×4500mm×60mm，其混凝土等级为C30，用量为0.97m³。含钢量86.08kg，板重2434.74kg。其质量验收应符合GB 50204		
	2	SDB3945-2尺寸为3740mm×4500mm×60mm，其混凝土等级为C30，用量为0.97m³。含钢量86.08kg，板重2434.74kg。其质量验收应符合GB 50204		
	3	SDB3945-3尺寸为3740mm×4500mm×60mm，其混凝土等级为C30，用量为0.97m³。含钢量86.08kg，板重2434.74kg，其余施工符合11G101		
	4	SDB3945-4尺寸为3740mm×4500mm×60mm，其混凝土等级为C30，用量为0.97m³。含钢量86.08kg，板重2434.74kg。其质量验收应符合GB 50204		

续表

构件编号	型号	技术参数	图例	
			Revit	Tekla
SDB4245	1	SDB4245-1尺寸为4040mm×4500mm×60mm，其混凝土等级为C30，用量为1.05m³。含钢量92.00kg，板重2630.04kg。其质量验收应符合GB 50204		
	2	SDB4245-2尺寸为4040mm×4500mm×60mm，其混凝土等级为C30，用量为1.05m³。含钢量92.00kg，板重2630.04kg。其质量验收应符合GB 50204		
	3	SDB4245-3尺寸为4040mm×4500mm×60mm，其混凝土等级为C30，用量为1.05m³。含钢量92.00kg，板重2630.04kg。其质量验收应符合GB 50204		
	4	SDB4245-4尺寸为4040mm×4500mm×60mm，其混凝土等级为C30，用量为1.05m³。含钢量92.00kg，板重2630.04kg。其质量验收应符合GB 50204		
SDB4545	1	SDB4545-1尺寸为4340mm×4500mm×60mm，其混凝土等级为C30，用量为1.13m³。含钢量99.61kg，板重2825.34kg。其质量验收应符合GB 50204		
	2	SDB4545-2尺寸为4340mm×4500mm×60mm，其混凝土等级为C30，用量为1.13m³。含钢量99.61kg，板重2825.34kg。其质量验收应符合GB 50204		

续表

构件编号	型号	技术参数	图例	
			Revit	Tekla
SDB4545	3	SDB4545-3尺寸为4340mm×4500mm×60mm，其混凝土等级为C30，用量为1.13m³。含钢量99.61kg，板重2825.34kg。其质量验收应符合GB 50204		
	4	SDB4545-4尺寸为4340mm×4500mm×60mm，其混凝土等级为C30，用量为1.13m³。含钢量99.61kg，板重2825.34kg。其质量验收应符合GB 50204		
SDB2448	1	SDB2448-1尺寸为2240mm×4800mm×60mm，其混凝土等级为C30，用量为0.62m³。含钢量50.22kg，板重1559.04kg。其质量验收应符合GB 50204		
	2	SDB2448-2尺寸为2240mm×4800mm×60mm，其混凝土等级为C30，用量为0.62m³。含钢量50.22kg，板重1559.04kg。其质量验收应符合GB 50204		
	3	SDB2448-3尺寸为2240mm×4800mm×60mm，其混凝土等级为C30，用量为0.62m³。含钢量50.22kg，板重1559.04kg。其质量验收应符合GB 50204		
	4	SDB2448-4尺寸为2240mm×4800mm×60mm，其混凝土等级为C30，用量为0.62m³。含钢量50.22kg，板重1559.04kg。其质量验收应符合GB 50204		

续表

构件编号	型号	技术参数	图例	
			Revit	Tekla
SDB2748	1	SDB2748-1尺寸为2540mm×4800mm×60mm，其混凝土等级为C30，用量为0.71m³。含钢量57.72kg，板重1767.84kg。其质量验收应符合GB 50204		
	2	SDB2748-2尺寸为2540mm×4800mm×60mm，其混凝土等级为C30，用量为0.71m³。含钢量57.72kg，板重1767.84kg。其质量验收应符合GB 50204		
	3	SDB2748-3尺寸为2540mm×4800mm×60mm，其混凝土等级为C30，用量为0.71m³。含钢量57.72kg，板重1767.84kg。其质量验收应符合GB 50204		
	4	SDB2748-4尺寸为2540mm×4800mm×60mm，其混凝土等级为C30，用量为0.71m³。含钢量57.72kg，板重1767.84kg。其质量验收应符合GB 50204		
SDB3048	1	SDB3048-1尺寸为2840mm×4800mm×60mm，其混凝土等级为C30，用量为0.79m³。含钢量65.22kg，板重1976.64kg。其质量验收应符合GB 50204		
	2	SDB3048-2尺寸为2840mm×4800mm×60mm，其混凝土等级为C30，用量为0.79m³。含钢量65.22kg，板重1976.64kg。其质量验收应符合GB 50204		

续表

构件编号	型号	技术参数	图例	
			Revit	Tekla
SDB3048	3	SDB3048-3尺寸为2840mm×4800mm×60mm，其混凝土等级为C30，用量为0.79m³。含钢量65.22kg，板重1976.64kg。其质量验收应符合GB 50204		
	4	SDB3048-4尺寸为2840mm×4800mm×60mm，其混凝土等级为C30，用量为0.79m³。含钢量65.22kg，板重1976.64kg。其质量验收应符合GB 50204		
SDB3348	1	SDB3348-1尺寸为3140mm×4800mm×60mm，其混凝土等级为C30，用量为0.87m³。含钢量70.9kg，板重2185.44kg。其质量验收应符合GB 50204		
	2	SDB3348-2尺寸为3140mm×4800mm×60mm，其混凝土等级为C30，用量为0.87m³。含钢量70.9kg，板重2185.44kg。其质量验收应符合GB 50204		
	3	SDB3348-3尺寸为3140mm×4800mm×60mm，其混凝土等级为C30，用量为0.87m³。含钢量70.9kg，板重2185.44kg。其质量验收应符合GB 50204		
	4	SDB3348-4尺寸为3140mm×4800mm×60mm，其混凝土等级为C30，用量为0.87m³。含钢量70.9kg，板重2185.44kg。其质量验收应符合GB 50204		

续表

构件编号	型号	技术参数	图例	
			Revit	Tekla
SDB3648	1	SDB3648-1尺寸为3440mm×4800mm×60mm，其混凝土等级为C30，用量为0.96m³。含钢量76.57kg，板重2394.24kg。其质量验收应符合GB 50204		
	2	SDB3648-2尺寸为3440mm×4800mm×60mm，其混凝土等级为C30，用量为0.96m³。含钢量76.57kg，板重2394.24kg。其质量验收应符合GB 50204		
	3	SDB3648-3尺寸为3440mm×4800mm×60mm，其混凝土等级为C30，用量为0.96m³。含钢量76.57kg，板重2394.24kg。其质量验收应符合GB 50204		
	4	SDB3648-4尺寸为3440mm×4800mm×60mm，其混凝土等级为C30，用量为0.96m³。含钢量76.57kg，板重2394.24kg。其质量验收应符合GB 50204		
SDB3948	1	SDB3948-1尺寸为3740mm×4800mm×60mm，其混凝土等级为C30，用量为1.04m³。含钢量84.06kg，板重2603.04kg。其质量验收应符合GB 50204		
	2	SDB3948-2尺寸为3740mm×4800mm×60mm，其混凝土等级为C30，用量为1.04m³。含钢量84.06kg，板重2603.04kg。其质量验收应符合GB 50204		

构件编号	型号	技术参数	图例	
			Revit	Tekla
SDB3948	3	SDB3948-3尺寸为3740mm×4800mm×60mm，其混凝土等级为C30，用量为1.04m³。含钢量84.06kg，板重2603.04kg。其质量验收应符合GB 50204		
	4	SDB3948-4尺寸为3740mm×4800mm×60mm，其混凝土等级为C30，用量为1.04m³。含钢量84.06kg，板重2603.04kg。其质量验收应符合GB 50204		
SDB4248	1	SDB4248-1尺寸为4040mm×4800mm×60mm，其混凝土等级为C30，用量为1.12m³。含钢量89.74kg，板重2811.84kg。其质量验收应符合GB 50204		
	2	SDB4248-2尺寸为4040mm×4800mm×60mm，其混凝土等级为C30，用量为1.12m³。含钢量89.74kg，板重2811.84kg。其质量验收应符合GB 50204		
	3	SDB4248-3尺寸为4040mm×4800mm×60mm，其混凝土等级为C30，用量为1.12m³。含钢量89.74kg，板重2811.84kg。其质量验收应符合GB 50204		
	4	SDB4248-4尺寸为4040mm×4800mm×60mm，其混凝土等级为C30，用量为1.12m³。含钢量89.74kg，板重2811.84kg。其质量验收应符合GB 50204		

续表

构件编号	型号	技术参数	图例	
			Revit	Tekla
SDB4548	1	SDB4548-1尺寸为4340mm×4800mm×60mm，其混凝土等级为C30，用量为1.21m³。含钢量97.22kg，板重3020.64kg。其质量验收应符合GB 50204		
	2	SDB4548-2尺寸为4340mm×4800mm×60mm，其混凝土等级为C30，用量为1.21m³。含钢量97.22kg，板重3020.64kg。其质量验收应符合GB 50204		
	3	SDB4548-3尺寸为4340mm×4800mm×60mm，其混凝土等级为C30，用量为1.21m³。含钢量97.22kg，板重3020.64kg。其质量验收应符合GB 50204		
	4	SDB4548-4尺寸为4340mm×4800mm×60mm，其混凝土等级为C30，用量为1.21m³。含钢量97.22kg，板重3020.64kg。其质量验收应符合GB 50204		
SDB2751	1	SDB2751-1尺寸为2540mm×5100mm×60mm，其混凝土等级为C30，用量为0.75m³。含钢量65.03kg，板重1882.14kg。其质量验收应符合GB 50204		
	2	SDB2751-2尺寸为2540mm×5100mm×60mm，其混凝土等级为C30，用量为0.75m³。含钢量65.03kg，板重1882.14kg。其质量验收应符合GB 50204		

续表

构件编号	型号	技术参数	图例	
			Revit	Tekla
SDB2751	3	SDB2751-3尺寸为2540mm× 5100mm×60mm，其混凝土等级 为C30，用量为0.75m³。含钢量 65.03kg，板重1882.14kg。其质 量验收应符合GB 50204		
	4	SDB2751-4尺寸为2540mm× 5100mm×60mm，其混凝土等级 为C30，用量为0.75m³。含钢量 65.03kg，板重1882.14kg。其质 量验收应符合GB 50204		
SDB3051	1	SDB3051-1尺寸为2840mm× 5100mm×60mm，其混凝土等级 为C30，用量为0.84m³。含钢量 71.50kg，板重2101.44kg。其质 量验收应符合GB 50204		
	2	SDB3051-2尺寸为2840mm× 5100mm×60mm，其混凝土等级 为C30，用量为0.84m³。含钢量 71.50kg，板重2101.44kg。其质 量验收应符合GB 50204		
	3	SDB3051-3尺寸为2840mm× 5100mm×60mm，其混凝土等级 为C30，用量为0.84m³。含钢量 71.50kg，板重2101.44kg。其质 量验收应符合GB 50204		
	4	SDB3051-4尺寸为2840mm× 5100mm×60mm，其混凝土等级 为C30，用量为0.84m³。含钢量 71.50kg，板重2101.44kg。其质 量验收应符合GB 50204		

续表

构件编号	型号	技术参数	图例	
			Revit	Tekla
SDB3351	1	SDB3351-1尺寸为3140mm×5100mm×60mm，其混凝土等级为C30，用量为0.93m³。含钢量79.91kg，板重2326.74kg。其质量验收应符合GB 50204		
	2	SDB3351-2尺寸为3140mm×5100mm×60mm，其混凝土等级为C30，用量为0.93m³。含钢量79.91kg，板重2326.74kg。其质量验收应符合GB 50204		
	3	SDB3351-3尺寸为3140mm×5100mm×60mm，其混凝土等级为C30，用量为0.93m³。含钢量79.91kg，板重2326.74kg。其质量验收应符合GB 50204		
	4	SDB3351-4尺寸为3140mm×5100mm×60mm，其混凝土等级为C30，用量为0.93m³。含钢量79.91kg，板重2326.74kg。其质量验收应符合GB 50204		
SDB3651	1	SDB3651-1尺寸为3440mm×5100mm×60mm，其混凝土等级为C30，用量为1.02m³。含钢量86.38kg，板重2549.04kg。其质量验收应符合GB 50204		
	2	SDB3651-2尺寸为3440mm×5100mm×60mm，其混凝土等级为C30，用量为1.02m³。含钢量86.38kg，板重2549.04kg。其质量验收应符合GB 50204		

续表

构件编号	型号	技术参数	图例	
			Revit	Tekla
SDB3651	3	SDB3651-3尺寸为3440mm×5100mm×60mm，其混凝土等级为C30，用量为1.02m³。含钢量86.38kg，板重2549.04kg。其质量验收应符合GB 50204		
	4	SDB3651-4尺寸为3440mm×5100mm×60mm，其混凝土等级为C30，用量为1.02m³。含钢量86.38kg，板重2549.04kg。其质量验收应符合GB 50204		
SDB3951	1	SDB3951-1尺寸为3740mm×5100mm×60mm，其混凝土等级为C30，用量为1.11m³。含钢量94.79kg，板重2771.34kg。其质量验收应符合GB 50204		
	2	SDB3951-2尺寸为3740mm×5100mm×60mm，其混凝土等级为C30，用量为1.11m³。含钢量94.79kg，板重2771.34kg。其质量验收应符合GB 50204		
	3	SDB3951-3尺寸为3740mm×5100mm×60mm，其混凝土等级为C30，用量为1.11m³。含钢量94.79kg，板重2771.34kg。其质量验收应符合GB 50204		
	4	SDB3951-4尺寸为3740mm×5100mm×60mm，其混凝土等级为C30，用量为1.11m³。含钢量94.79kg，板重2771.34kg。其质量验收应符合GB 50204		

续表

构件编号	型号	技术参数	图例	
			Revit	Tekla
SDB4251	1	SDB4251-1尺寸为4040mm×5100mm×60mm，其混凝土等级为C30，用量为1.20m³。含钢量101.25kg，板重2993.64kg。其质量验收应符合GB 50204		
	2	SDB4251-2尺寸为4040mm×5100mm×60mm，其混凝土等级为C30，用量为1.20m³。含钢量101.25kg，板重2993.64kg。其质量验收应符合GB 50204		
	3	SDB4251-3尺寸为4040mm×5100mm×60mm，其混凝土等级为C30，用量为1.20m³。含钢量101.25kg，板重2993.64kg。其质量验收应符合GB 50204		
	4	SDB4251-4尺寸为4040mm×5100mm×60mm，其混凝土等级为C30，用量为1.20m³。含钢量101.25kg，板重2993.64kg。其质量验收应符合GB 50204		
SDB4551	1	SDB4551-1尺寸为4340mm×5100mm×60mm，其混凝土等级为C30，用量为1.29m³。含钢量108.33kg，板重3215.94kg。其质量验收应符合GB 50204		
	2	SDB4551-2尺寸为4340mm×5100mm×60mm，其混凝土等级为C30，用量为1.29m³。含钢量108.33kg，板重3215.94kg。其质量验收应符合GB 50204		

续表

构件编号	型号	技术参数	图例	
			Revit	Tekla
SDB4551	3	SDB4551-3尺寸为4340mm×5100mm×60mm，其混凝土等级为C30，用量为1.29m³。含钢量108.33kg，板重3215.94kg。其质量验收应符合GB 50204		
	4	SDB4551-4尺寸为4340mm×5100mm×60mm，其混凝土等级为C30，用量为1.29m³。含钢量108.33kg，板重3215.94kg。其质量验收应符合GB 50204		
SDB2754	1	SDB2754-1尺寸为2540mm×5400mm×60mm，其混凝土等级为C30，用量为0.80m³。含钢量71.65kg，板重1996.44kg。其质量验收应符合GB 50204		
	2	SDB2754-2尺寸为2540mm×5400mm×60mm，其混凝土等级为C30，用量为0.80m³。含钢量71.65kg，板重1996.44kg。其质量验收应符合GB 50204		
	3	SDB2754-3尺寸为2540mm×5400mm×60mm，其混凝土等级为C30，用量为0.80m³。含钢量71.65kg，板重1996.44kg。其质量验收应符合GB 50204		
	4	SDB2754-4尺寸为2540mm×5400mm×60mm，其混凝土等级为C30，用量为0.80m³。含钢量71.65kg，板重1996.44kg。其质量验收应符合GB 50204		

续表

构件编号	型号	技术参数	图例	
			Revit	Tekla
SDB3054	1	SDB3054-1尺寸为2840mm×5400mm×60mm，其混凝土等级为C30，用量为0.89m³。含钢量78.83kg，板重2232.24kg。其质量验收应符合GB 50204		
	2	SDB3054-2尺寸为2840mm×5400mm×60mm，其混凝土等级为C30，用量为0.89m³。含钢量78.83kg，板重2232.24kg。其质量验收应符合GB 50204		
	3	SDB3054-3尺寸为2840mm×5400mm×60mm，其混凝土等级为C30，用量为0.89m³。含钢量78.83kg，板重2232.24kg。其质量验收应符合GB 50204		
	4	SDB3054-4尺寸为2840mm×5400mm×60mm，其混凝土等级为C30，用量为0.89m³。含钢量78.83kg，板重2232.24kg。其质量验收应符合GB 50204		
SDB3354	1	SDB3354-1尺寸为3140mm×5400mm×60mm，其混凝土等级为C30，用量为0.99m³。含钢量88.07kg，板重2468.04kg。其质量验收应符合GB 50204		
	2	SDB3354-2尺寸为3140mm×5400mm×60mm，其混凝土等级为C30，用量为0.99m³。含钢量88.07kg，板重2468.04kg。其质量验收应符合GB 50204		

构件编号	型号	技术参数	图例	
			Revit	Tekla
SDB3354	3	SDB3354-3尺寸为3140mm×5400mm×60mm，其混凝土等级为C30，用量为0.99m³。含钢量88.07kg，板重2468.04kg。其质量验收应符合GB 50204		
	4	SDB3354-4尺寸为3140mm×5400mm×60mm，其混凝土等级为C30，用量为0.99m³。含钢量88.07kg，板重2468.04kg。其质量验收应符合GB 50204		
SDB3654	1	SDB3654-1尺寸为3640mm×5400mm×60mm，其混凝土等级为C30，用量为1.08m³。含钢量95.25kg，板重2703.84kg。其质量验收应符合GB 50204		
	2	SDB3654-2尺寸为3640mm×5400mm×60mm，其混凝土等级为C30，用量为1.08m³。含钢量95.25kg，板重2703.84kg。其质量验收应符合GB 50204		
	3	SDB3654-3尺寸为3640mm×5400mm×60mm，其混凝土等级为C30，用量为1.08m³。含钢量95.25kg，板重2703.84kg。其质量验收应符合GB 50204		
	4	SDB3654-4尺寸为3640mm×5400mm×60mm，其混凝土等级为C30，用量为1.08m³。含钢量95.25kg，板重2703.84kg。其质量验收应符合GB 50204		

续表

构件编号	型号	技术参数	图例	
			Revit	Tekla
SDB3954	1	SDB3954-1尺寸为3740mm×5400mm×60mm，其混凝土等级为C30，用量为1.18m³。含钢量104.49kg，板重2939.63kg。其质量验收应符合GB 50204		
	2	SDB3954-2尺寸为3740mm×5400mm×60mm，其混凝土等级为C30，用量为1.18m³。含钢量104.49kg，板重2939.63kg。其质量验收应符合GB 50204		
	3	SDB3954-3尺寸为3740mm×5400mm×60mm，其混凝土等级为C30，用量为1.18m³。含钢量104.49kg，板重2939.63kg。其质量验收应符合GB 50204		
	4	SDB3954-4尺寸为3740mm×5400mm×60mm，其混凝土等级为C30，用量为1.18m³。含钢量104.49kg，板重2939.63kg。其质量验收应符合GB 50204		
SDB4254	1	SDB4254-1尺寸为4040mm×5400mm×60mm，其混凝土等级为C30，用量为1.27m³。含钢量111.66kg，板重3175.44kg。其质量验收应符合GB 50204		
	2	SDB4254-2尺寸为4040mm×5400mm×60mm，其混凝土等级为C30，用量为1.27m³。含钢量111.66kg，板重3175.44kg。其质量验收应符合GB 50204		

续表

构件编号	型号	技术参数	图例	
			Revit	Tekla
SDB4254	3	SDB4254-3尺寸为4040mm×5400mm×60mm,其混凝土等级为C30,用量为1.27m³,含钢量111.66kg,板重3175.44kg。其质量验收应符合GB 50204		
	4	SDB4254-4尺寸为4040mm×5400mm×60mm,其混凝土等级为C30,用量为1.27m³,含钢量111.66kg,板重3175.44kg。其质量验收应符合GB 50204		
SDB4554	1	SDB4554-1尺寸为4340mm×5400mm×60mm,其混凝土等级为C30,用量为1.36m³,含钢量120.89kg,板重3411.24kg。其质量验收应符合GB 50204		
	2	SDB4554-2尺寸为4340mm×5400mm×60mm,其混凝土等级为C30,用量为1.36m³,含钢量120.89kg,板重3411.24kg。其质量验收应符合GB 50204		
	3	SDB4554-3尺寸为4340mm×5400mm×60mm,其混凝土等级为C30,用量为1.36m³,含钢量120.89kg,板重3411.24kg。其质量验收应符合GB 50204		
	4	SDB4554-4尺寸为4340mm×5400mm×60mm,其混凝土等级为C30,用量为1.36m³,含钢量120.89kg,板重3411.24kg。其质量验收应符合GB 50204		

续表

构件编号	型号	技术参数	图例	
			Revit	Tekla
SDB3057	1	SDB3057-1尺寸为2840mm×5700mm×60mm，其混凝土等级为C30，用量为0.94m³。含钢量84.72kg，板重2360.04kg。其质量验收应符合GB 50204		
	2	SDB3057-2尺寸为2840mm×5700mm×60mm，其混凝土等级为C30，用量为0.94m³。含钢量84.72kg，板重2360.04kg。其质量验收应符合GB 50204		
	3	SDB3057-3尺寸为2840mm×5700mm×60mm，其混凝土等级为C30，用量为0.94m³。含钢量84.72kg，板重2360.04kg。其质量验收应符合GB 50204		
	4	SDB3057-4尺寸为2840mm×5700mm×60mm，其混凝土等级为C30，用量为0.94m³。含钢量84.72kg，板重2360.04kg。其质量验收应符合GB 50204		
SDB3357	1	SDB3357-1尺寸为3140mm×5700mm×60mm，其混凝土等级为C30，用量为1.04m³。含钢量94.63kg，板重2609.34kg。其质量验收应符合GB 50204		
	2	SDB3357-2尺寸为3140mm×5700mm×60mm，其混凝土等级为C30，用量为1.04m³。含钢量94.63kg，板重2609.34kg。其质量验收应符合GB 50204		

续表

构件编号	型号	技术参数	图例	
			Revit	Tekla
SDB3357	3	SDB3357-3 尺寸为3140mm×5700mm×60mm，其混凝土等级为C30，用量为1.04m³。含钢量94.63kg，板重2609.34kg。其质量验收应符合GB 50204		
	4	SDB3357-4 尺寸为3140mm×5700mm×60mm，其混凝土等级为C30，用量为1.04m³。含钢量94.63kg，板重2609.34kg。其质量验收应符合GB 50204		
SDB3657	1	SDB3657-1 尺寸为3440mm×5700mm×60mm，其混凝土等级为C30，用量为1.14m³。含钢量102.38kg，板重2858.64kg。其质量验收应符合GB 50204		
	2	SDB3657-2 尺寸为3440mm×5700mm×60mm，其混凝土等级为C30，用量为1.14m³。含钢量102.38kg，板重2858.64kg。其质量验收应符合GB 50204		
	3	SDB3657-3 尺寸为3440mm×5700mm×60mm，其混凝土等级为C30，用量为1.14m³。含钢量102.38kg，板重2858.64kg。其质量验收应符合GB 50204		
	4	SDB3657-4 尺寸为3440mm×5700mm×60mm，其混凝土等级为C30，用量为1.14m³。含钢量102.38kg，板重2858.64kg。其质量验收应符合GB 50204		

续表

构件编号	型号	技术参数	图例	
			Revit	Tekla
SDB3957	1	SDB3957-1尺寸为3740mm×5700mm×60mm，其混凝土等级为C30，用量为1.24m³。含钢量112.27kg，板重3107.94kg。其质量验收应符合GB 50204		
	2	SDB3957-2尺寸为3740mm×5700mm×60mm，其混凝土等级为C30，用量为1.24m³。含钢量112.27kg，板重3107.94kg。其质量验收应符合GB 50204		
	3	SDB3957-3尺寸为3740mm×5700mm×60mm，其混凝土等级为C30，用量为1.24m³。含钢量112.27kg，板重3107.94kg。其质量验收应符合GB 50204		
	4	SDB3957-4尺寸为3740mm×5700mm×60mm，其混凝土等级为C30，用量为1.24m³。含钢量112.27kg，板重3107.94kg。其质量验收应符合GB 50204		
SDB4257	1	SDB4257-1尺寸为4040mm×5700mm×60mm，其混凝土等级为C30，用量为1.34m³。含钢量120.00kg，板重3357.24kg。其质量验收应符合GB 50204		
	2	SDB4257-2尺寸为4040mm×5700mm×60mm，其混凝土等级为C30，用量为1.34m³。含钢量120.00kg，板重3357.24kg。其质量验收应符合GB 50204		

续表

构件编号	型号	技术参数	图例	
			Revit	Tekla
SDB4257	3	SDB4257-3尺寸为4040mm× 5700mm×60mm，其混凝土等级为C30，用量为1.34m³。含钢量120.00kg，板重3357.24kg。其质量验收应符合GB 50204		
	4	SDB4257-4尺寸为4040mm× 5700mm×60mm，其混凝土等级为C30，用量为1.34m³。含钢量120.00kg，板重3357.24kg。其质量验收应符合GB 50204		
SDB4557	1	SDB4557-1尺寸为4340mm× 5700mm×60mm，其混凝土等级为C30，用量为1.44m³。含钢量131.92kg，板重3606.54kg。其质量验收应符合GB 50204		
	2	SDB4557-2尺寸为4340mm× 5700mm×60mm，其混凝土等级为C30，用量为1.44m³。含钢量131.92kg，板重3606.54kg。其质量验收应符合GB 50204		
	3	SDB4557-3尺寸为4340mm× 5700mm×60mm，其混凝土等级为C30，用量为1.44m³。含钢量131.92kg，板重3606.54kg。其质量验收应符合GB 50204		
	4	SDB4557-4尺寸为4340mm× 5700mm×60mm，其混凝土等级为C30，用量为1.44m³。含钢量131.92kg，板重3606.54kg。其质量验收应符合GB 50204		

附表1.2　沈阳市装配式钢筋混凝土板式住宅楼梯

楼梯型号	构件编号	技术参数	图例	
			Revit	Tekla
ZZT1S-26	ZTB1	梯板ZZT1S-26-ZTB1宽度为1170mm，其混凝土等级为C30，用量为0.674m³，含钢量52.02kg。其质量验收应符合GB 50204		
	ZTL1	梯梁ZZT1S-26-ZTL1长度为2440mm，其混凝土等级为C30，用量为0.212m³，含钢量30.04kg。其质量验收应符合GB 50204		
ZZT1S-27	ZTB2	梯板ZZT1S-27-ZTB2宽度为1200mm，其混凝土等级为C30，用量为0.691m³，含钢量52.41kg。其质量验收应符合GB 50204		
	ZTL2	梯梁ZZT1S-27-ZTL2长度为2540mm，其混凝土等级为C30，用量为0.221m³，含钢量30.70kg。其质量验收应符合GB 50204		
ZZT1S-28	ZTB3	梯板ZZT1S-28-ZTB3宽度为1250mm，其混凝土等级为C30，用量为0.720m³，含钢量57.21kg。其质量验收应符合GB 50204		

续表

楼梯型号	构件编号	技术参数	图例	
			Revit	Tekla
ZZT1S-28	ZTL3	梯梁ZZT1S-28-ZTL3长度为2640mm，其混凝土等级为C30，用量为0.229m³，含钢量32.25kg。其质量验收应符合GB 50204		
ZZT1S-29	ZTB4	梯板ZZT1S-29-ZTB4宽度为1300mm，其混凝土等级为C30，用量为0.749m³，含钢量57.87kg。其质量验收应符合GB 50204		
	ZTL4	梯梁ZZT1S-29-ZTL4长度为2740mm，其混凝土等级为C30，用量为0.238m³，含钢量35.58kg。其质量验收应符合GB 50204		
ZZT1S-30	ZTB5	梯板ZZT1S-30-ZTB5宽度为1300mm，其混凝土等级为C30，用量为0.749m³，含钢量57.87kg。其质量验收应符合GB 50204		
	ZTL5	梯梁ZZT1S-30-ZTL5长度为2840mm，其混凝土等级为C30，用量为0.247m³，含钢量37.30kg。其质量验收应符合GB 50204		

续表

楼梯型号	构件编号	技术参数	图例	
			Revit	Tekla
ZZT2S-26	ZTB1	梯板ZZT2S-26-ZTB1宽度为1170mm，其混凝土等级为C30，用量为0.687m³，含钢量52.28kg。其质量验收应符合GB 50204		
	ZTL1	梯梁ZZT2S-26-ZTL1长度为2440mm，其混凝土等级为C30，用量为0.210m³，含钢量30.00kg。其质量验收应符合GB 50204		
ZZT2S-27	ZTB2	梯板ZZT2S-27-ZTB2宽度为1200mm，其混凝土等级为C30，用量为0.704m³，含钢量52.73kg。其质量验收应符合GB 50204		
	ZTL2	梯梁ZZT2S-27-ZTL2长度为2540mm，其混凝土等级为C30，用量为0.219m³，含钢量30.66kg。其质量验收应符合GB 50204		
ZZT2S-28	ZTB3	梯板ZZT2S-28-ZTB3宽度为1250mm，其混凝土等级为C30，用量为0.734m³，含钢量57.48kg。其质量验收应符合GB 50204		

续表

楼梯型号	构件编号	技术参数	图例	
			Revit	Tekla
ZZT2S-28	ZTL3	梯梁ZZT2S-28-ZTL3长度为2640mm，其混凝土等级为C30，用量为0.228m³，含钢量32.21kg。其质量验收应符合GB 50204		
ZZT2S-29	ZTB4	梯板ZZT2S-29-ZTB4宽度为1300mm，其混凝土等级为C30，用量为0.763m³，含钢量58.14kg。其质量验收应符合GB 50204		
	ZTL4	梯梁ZZT2S-29-ZTL4长度为2740mm，其混凝土等级为C30，用量为0.236m³，含钢量35.54kg。其质量验收应符合GB 50204		
ZZT2S-30	ZTB5	梯板ZZT2S-30-ZTB5宽度为1300mm，其混凝土等级为C30，用量为0.763m³，含钢量58.14kg。其质量验收应符合GB 50204		
	ZTL5	梯梁ZZT2S-30-ZTL5长度为2840mm，其混凝土等级为C30，用量为0.245m³，含钢量37.25kg。其质量验收应符合GB 50204		

续表

楼梯型号	构件编号	技术参数	图例	
			Revit	Tekla
ZZT3S-26	ZTB1	梯板ZZT3S-26-ZTB1宽度为1170mm，其混凝土等级为C30，用量为0.699m³，含钢量52.67kg。其质量验收应符合GB 50204		
	ZTL1	梯梁ZZT3S-26-ZTL1长度为2440mm，其混凝土等级为C30，用量为0.209m³，含钢量29.96kg。其质量验收应符合GB 50204		
ZZT3S-27	ZTB2	梯板ZZT3S-27-ZTB2宽度为1200mm，其混凝土等级为C30，用量为0.717m³，含钢量53.06kg。其质量验收应符合GB 50204		
	ZTL2	梯梁ZZT3S-27-ZTL2长度为2540mm，其混凝土等级为C30，用量为0.217m³，含钢量30.62kg。其质量验收应符合GB 50204		
ZZT3S-28	ZTB3	梯板ZZT3S-28-ZTB3宽度为1250mm，其混凝土等级为C30，用量为0.747m³，含钢量57.91kg。其质量验收应符合GB 50204		

续表

楼梯型号	构件编号	技术参数	图例	
			Revit	Tekla
ZZT3S-28	ZTL3	梯梁ZZT3S-28-ZTL3长度为2640mm，其混凝土等级为C30，用量为0.226m³，含钢量32.16kg。其质量验收应符合GB 50204		
ZZT3S-29	ZTB4	梯板ZZT3S-29-ZTB4宽度为1300mm，其混凝土等级为C30，用量为0.777m³，含钢量58.57kg。其质量验收应符合GB 50204		
	ZTL4	梯梁ZZT3S-29-ZTL4长度为2740mm，其混凝土等级为C30，用量为0.235m³，含钢量35.49kg。其质量验收应符合GB 50204		
ZZT3S-30	ZTB5	梯板ZZT3S-30-ZTB5宽度为1300mm，其混凝土等级为C30，用量为0.777m³，含钢量58.57kg。其质量验收应符合GB 50204		
	ZTL5	梯梁ZZT3S-30-ZTL5长度为2840mm，其混凝土等级为C30，用量为0.243m³，含钢量37.21kg。其质量验收应符合GB 50204		

续表

楼梯型号	构件编号	技术参数	图例	
			Revit	Tekla
ZZT1J1-26	ZTB1	梯板ZZT1J1-26-ZTB1宽度为1150mm，其混凝土等级为C30，用量为0.599m³，含钢量53.93kg。其质量验收应符合GB 50204		
	ZTL1	梯梁ZZT1J1-26-ZTL1长度为2440mm，其混凝土等级为C30，用量为0.228m³，含钢量30.47kg。其质量验收应符合GB 50204		
ZZT1J1-26	ZTB2	梯板ZZT1J1-26-ZTB2宽度为1150mm，其混凝土等级为C30，用量为0.615m³，含钢量52.55kg。其质量验收应符合GB 50204		
	ZTL6	梯梁ZZT1J1-26-ZTL6长度为2440mm，其混凝土等级为C30，用量为0.315m³，含钢量65.21kg。其质量验收应符合GB 50204		
ZZT1J1-27	ZTB3	梯板ZZT1J1-27-ZTB3宽度为1200mm，其混凝土等级为C30，用量为0.625m³，含钢量54.58kg。其质量验收应符合GB 50204		

续表

楼梯型号	构件编号	技术参数	图例	
			Revit	Tekla
ZZT1J1-27	ZTL2	梯梁ZZT1J1-27-ZTL2长度为2540mm，其混凝土等级为C30，用量为0.238m³，含钢量31.13kg。其质量验收应符合GB 50204		
ZZT1J1-27	ZTB4	梯板ZZT1J1-27-ZTB4宽度为1200mm，其混凝土等级为C30，用量为0.641m³，含钢量53.23kg。其质量验收应符合GB 50204		
	ZTL7	梯梁ZZT1J1-27-ZTL7长度为2540mm，其混凝土等级为C30，用量为0.327m³，含钢量68.42kg。其质量验收应符合GB 50204		
ZZT1J1-28	ZTB5	梯板ZZT1J1-28-ZTB5宽度为1250mm，其混凝土等级为C30，用量为0.651m³，含钢量59.68kg。其质量验收应符合GB 50204		
	ZTL3	梯梁ZZT1J1-28-ZTL3长度为2640mm，其混凝土等级为C30，用量为0.247m³，含钢量32.72kg。其质量验收应符合GB 50204		

续表

楼梯型号	构件编号	技术参数	图例	
			Revit	Tekla
ZZT1J1-28	ZTB6	梯板ZZT1J1-28-ZTB6宽度为1250mm，其混凝土等级为C30，用量为0.668m³，含钢量58.07kg。其质量验收应符合GB 50204		
	ZTL8	梯梁ZZT1J1-28-ZTL8长度为2640mm，其混凝土等级为C30，用量为0.340m³，含钢量71.65kg。其质量验收应符合GB 50204		
ZZT1J1-29	ZTB7	梯板ZZT1J1-29-ZTB7宽度为1300mm，其混凝土等级为C30，用量为0.677m³，含钢量60.24kg。其质量验收应符合GB 50204		
	ZTL4	梯梁ZZT1J1-29-ZTL4长度为2740mm，其混凝土等级为C30，用量为0.256m³，含钢量36.05kg。其质量验收应符合GB 50204		
ZZT1J1-29	ZTB8	梯板ZZT1J1-29-ZTB8宽度为1300mm，其混凝土等级为C30，用量为0.695m³，含钢量58.75kg。其质量验收应符合GB 50204		

续表

楼梯型号	构件编号	技术参数	图例	
			Revit	Tekla
ZZT1J1-29	ZTL9	梯梁ZZT1J1-29-ZTL9长度为2740mm，其混凝土等级为C30，用量为0.353m³，含钢量76.62kg。其质量验收应符合GB 50204		
ZZT1J1-30	ZTB9	梯板ZZT1J1-30-ZTB9宽度为1350mm，其混凝土等级为C30，用量为0.703m³，含钢量60.90kg。其质量验收应符合GB 50204		
	ZTL5	梯梁ZZT1J1-30-ZTL5长度为2840mm，其混凝土等级为C30，用量为0.266m³，含钢量37.80kg。其质量验收应符合GB 50204		
ZZT1J1-30	ZTB10	梯板ZZT1J1-30-ZTB10宽度为1350mm，其混凝土等级为C30，用量为0.722m³，含钢量59.41kg。其质量验收应符合GB 50204		
	ZTL10	梯梁ZZT1J1-30-ZTL10长度为2840mm，其混凝土等级为C30，用量为0.366m³，含钢量79.93kg。其质量验收应符合GB 50204		

续表

楼梯型号	构件编号	技术参数	图例	
			Revit	Tekla
ZZT2J1-26	ZTB1	梯板 ZZT2J1-26-ZTB1 宽度为 1150mm，其混凝土等级为 C30，用量为 0.627m³，含钢量 55.80kg。其质量验收应符合 GB 50204		
	ZTL1	梯梁 ZZT2J1-26-ZTL1 长度为 2440mm，其混凝土等级为 C30，用量为 0.228m³，含钢量 30.47kg。其质量验收应符合 GB 50204		
ZZT2J1-26	ZTB2	梯板 ZZT2J1-26-ZTB2 宽度为 1150mm，其混凝土等级为 C30，用量为 0.628m³，含钢量 54.55kg。其质量验收应符合 GB 50204		
	ZTL6	梯梁 ZZT2J1-26-ZTL6 长度为 2440mm，其混凝土等级为 C30，用量为 0.315m³，含钢量 65.21kg。其质量验收应符合 GB 50204		
ZZT2J1-27	ZTB3	梯板 ZZT2J1-27-ZTB3 宽度为 1200mm，其混凝土等级为 C30，用量为 0.655m³，含钢量 56.51kg。其质量验收应符合 GB 50204		

续表

楼梯型号	构件编号	技术参数	图例 Revit	图例 Tekla
ZZT2J1-27	ZTL2	梯梁ZZT2J1-27-ZTL2长度为2540mm，其混凝土等级为C30，用量为0.238m³，含钢量31.13kg。其质量验收应符合GB 50204		
ZZT2J1-27	ZTB4	梯板ZZT2J1-27-ZTB4宽度为1200mm，其混凝土等级为C30，用量为0.655m³，含钢量55.23kg。其质量验收应符合GB 50204		
	ZTL7	梯梁ZZT2J1-27-ZTL7长度为2540mm，其混凝土等级为C30，用量为0.327m³，含钢量68.42kg。其质量验收应符合GB 50204		
ZZT2J1-28	ZTB5	梯板ZZT2J1-28-ZTB5宽度为1250mm，其混凝土等级为C30，用量为0.682m³，含钢量61.65kg。其质量验收应符合GB 50204		
	ZTL3	梯梁ZZT2J1-28-ZTL3长度为2640mm，其混凝土等级为C30，用量为0.247m³，含钢量32.72kg。其质量验收应符合GB 50204		

续表

楼梯型号	构件编号	技术参数	图例	
			Revit	Tekla
ZZT2J1-28	ZTB6	梯板ZZT2J1-28-ZTB6宽度为1250mm，其混凝土等级为C30，用量为0.682m³，含钢量60.28kg。其质量验收应符合GB 50204		
	ZTL8	梯梁ZZT2J1-28-ZTL8长度为2640mm，其混凝土等级为C30，用量为0.340m³，含钢量71.65kg。其质量验收应符合GB 50204		
ZZT2J1-29	ZTB7	梯板ZZT2J1-29-ZTB7宽度为1300mm，其混凝土等级为C30，用量为0.709m³，含钢量62.36kg。其质量验收应符合GB 50204		
	ZTL4	梯梁ZZT2J1-29-ZTL4长度为2740mm，其混凝土等级为C30，用量为0.256m³，含钢量36.05kg。其质量验收应符合GB 50204		
ZZT2J1-29	ZTB8	梯板ZZT2J1-29-ZTB8宽度为1300mm，其混凝土等级为C30，用量为0.709m³，含钢量60.96kg。其质量验收应符合GB 50204		

续表

楼梯型号	构件编号	技术参数	图例	
			Revit	Tekla
ZZT2J1-29	ZTL9	梯梁ZZT2J1-29-ZTL9长度为2740mm，其混凝土等级为C30，用量为0.353m³，含钢量76.62kg。其质量验收应符合GB 50204		
ZZT2J1-30	ZTB9	梯板ZZT2J1-30-ZTB9宽度为1350mm，其混凝土等级为C30，用量为0.736m³，含钢量63.07kg。其质量验收应符合GB 50204		
	ZTL5	梯梁ZZT2J1-30-ZTL5长度为2840mm，其混凝土等级为C30，用量为0.266m³，含钢量37.80kg。其质量验收应符合GB 50204		
ZZT2J1-30	ZTB10	梯板ZZT2J1-30-ZTB10宽度为1350mm，其混凝土等级为C30，用量为0.737m³，含钢量61.62kg。其质量验收应符合GB 50204		
	ZTL10	梯梁ZZT2J1-30-ZTL10长度为2840mm，其混凝土等级为C30，用量为0.366m³，含钢量79.93kg。其质量验收应符合GB 50204		

续表

楼梯型号	构件编号	技术参数	图例 Revit	图例 Tekla
ZZT3J1-26	ZTB1	梯板ZZT3J1-26-ZTB1宽度为1150mm，其混凝土等级为C30，用量为0.637m³，含钢量56.04kg。其质量验收应符合GB 50204		
	ZTL1	梯梁ZZT3J1-26-ZTL1长度为2440mm，其混凝土等级为C30，用量为0.228m³，含钢量30.47kg。其质量验收应符合GB 50204		
ZZT3J1-26	ZTB2	梯板ZZT3J1-26-ZTB2宽度为1150mm，其混凝土等级为C30，用量为0.639m³，含钢量54.85kg。其质量验收应符合GB 50204		
	ZTL6	梯梁ZZT3J1-26-ZTL6长度为2440mm，其混凝土等级为C30，用量为0.315m³，含钢量65.21kg。其质量验收应符合GB 50204		
ZZT3J1-27	ZTB3	梯板ZZT3J1-27-ZTB3宽度为1200mm，其混凝土等级为C30，用量为0.664m³，含钢量56.75kg。其质量验收应符合GB 50204		

续表

楼梯型号	构件编号	技术参数	图例	
			Revit	Tekla
ZZT3J1-27	ZTL2	梯梁ZZT3J1-27-ZTL2长度为2540mm，其混凝土等级为C30，用量为0.238m³，含钢量31.13kg。其质量验收应符合GB 50204		
	ZTB4	梯板ZZT3J1-27-ZTB4宽度为1200mm，其混凝土等级为C30，用量为0.666m³，含钢量55.53kg。其质量验收应符合GB 50204		
	ZTL7	梯梁ZZT3J1-27-ZTL7长度为2540mm，其混凝土等级为C30，用量为0.327m³，含钢量68.42kg。其质量验收应符合GB 50204		
ZZT3J1-28	ZTB5	梯板ZZT3J1-28-ZTB5宽度为1250mm，其混凝土等级为C30，用量为0.692m³，含钢量61.89kg。其质量验收应符合GB 50204		
	ZTL3	梯梁ZZT3J1-28-ZTL3长度为2640mm，其混凝土等级为C30，用量为0.247m³，含钢量32.72kg。其质量验收应符合GB 50204		

续表

楼梯型号	构件编号	技术参数	图例	
			Revit	Tekla
ZZT3J1-28	ZTB6	梯板ZZT3J1-28-ZTB6宽度为1250mm，其混凝土等级为C30，用量为0.694m³，含钢量60.60kg。其质量验收应符合GB 50204		
	ZTL8	梯梁ZZT3J1-28-ZTL8长度为2640mm，其混凝土等级为C30，用量为0.340m³，含钢量71.65kg。其质量验收应符合GB 50204		
ZZT3J1-29	ZTB7	梯板ZZT3J1-29-ZTB7宽度为1300mm，其混凝土等级为C30，用量为0.720m³，含钢量62.36kg。其质量验收应符合GB 50204		
	ZTL4	梯梁ZZT3J1-29-ZTL4长度为2740mm，其混凝土等级为C30，用量为0.256m³，含钢量36.05kg。其质量验收应符合GB 50204		
	ZTB8	梯板ZZT3J1-29-ZTB8宽度为1300mm，其混凝土等级为C30，用量为0.722m³，含钢量62.36kg。其质量验收应符合GB 50204		

续表

楼梯型号	构件编号	技术参数	图例	
			Revit	Tekla
ZZT3J1-29	ZTL9	梯梁ZZT3J1-29-ZTL9长度为2740mm，其混凝土等级为C30，用量为0.353m³，含钢量76.62kg。其质量验收应符合GB 50204		
ZZT3J1-30	ZTB9	梯板ZZT3J1-30-ZTB9宽度为1350mm，其混凝土等级为C30，用量为0.747m³，含钢量63.31kg。其质量验收应符合GB 50204		
	ZTL5	梯梁ZZT3J1-30-ZTL5长度为2840mm，其混凝土等级为C30，用量为0.266m³，含钢量37.80kg。其质量验收应符合GB 50204		
	ZTB10	梯板ZZT3J1-30-ZTB10宽度为1350mm，其混凝土等级为C30，用量为0.750m³，含钢量61.94kg。其质量验收应符合GB 50204		
	ZTL10	梯梁ZZT3J1-30-ZTL10长度为2840mm，其混凝土等级为C30，用量为0.366m³，含钢量79.93kg。其质量验收应符合GB 50204		

续表

楼梯型号	构件编号	技术参数	图例	
			Revit	Tekla
ZZT1J2-26	ZTB11	梯板 ZZT1J2-26-ZTB11 宽度为1150mm，其混凝土等级为C30，用量为1.654m³，含钢量175.06kg。其质量验收应符合GB 50204		
	ZTL11	梯梁 ZZT1J2-26-ZTL11 长度为2440mm，其混凝土等级为C30，用量为0.228m³，含钢量52.05kg。其质量验收应符合GB 50204		
ZZT1J2-27	ZTB12	梯板 ZZT1J2-27-ZTB12 宽度为1200mm，其混凝土等级为C30，用量为1.725m³，含钢量176.47kg。其质量验收应符合GB 50204		
	ZTL12	梯梁 ZZT1J2-27-ZTL12 长度为2540mm，其混凝土等级为C30，用量为0.238m³，含钢量54.01kg。其质量验收应符合GB 50204		
ZZT1J2-28	ZTB13	梯板 ZZT1J2-28-ZTB13 宽度为1250mm，其混凝土等级为C30，用量为1.797m³，含钢量193.83kg。其质量验收应符合GB 50204		

续表

楼梯型号	构件编号	技术参数	图例	
			Revit	Tekla
ZZT1J2-28	ZTL13	梯梁ZZT1J2-28-ZTL13长度为2640mm，其混凝土等级为C30，用量为0.247m³，含钢量55.98kg。其质量验收应符合GB 50204		
ZZT1J2-29	ZTB14	梯板ZZT1J2-29-ZTB14宽度为1300mm，其混凝土等级为C30，用量为1.869m³，含钢量195.23kg。其质量验收应符合GB 50204		
	ZTL14	梯梁ZZT1J2-29-ZTL14长度为2740mm，其混凝土等级为C30，用量为0.256m³，含钢量63.95kg。其质量验收应符合GB 50204		
ZZT1J2-30	ZTB15	梯板ZZT1J2-30-ZTB15宽度为1350mm，其混凝土等级为C30，用量为1.941m³，含钢量196.63kg。其质量验收应符合GB 50204		
	ZTL15	梯梁ZZT1J2-30-ZTL15长度为2840mm，其混凝土等级为C30，用量为0.266m³，含钢量66.10kg。其质量验收应符合GB 50204		

续表

楼梯型号	构件编号	技术参数	图例	
			Revit	Tekla
ZZT2J2-26	ZTB11	梯板ZZT2J2-26-ZTB11宽度为1150mm，其混凝土等级为C30，用量为1.683m³，含钢量173.56kg。其质量验收应符合GB 50204		
	ZTL11	梯梁ZZT2J2-26-ZTL11长度为2440mm，其混凝土等级为C30，用量为0.228m³，含钢量52.05kg。其质量验收应符合GB 50204		
ZZT2J2-27	ZTB12	梯板ZZT2J2-27-ZTB12宽度为1200mm，其混凝土等级为C30，用量为1.756m³，含钢量174.96kg。其质量验收应符合GB 50204		
	ZTL12	梯梁ZZT2J2-27-ZTL12长度为2540mm，其混凝土等级为C30，用量为0.238m³，含钢量54.01kg。其质量验收应符合GB 50204		
ZZT2J2-28	ZTB13	梯板ZZT2J2-28-ZTB13宽度为1250mm，其混凝土等级为C30，用量为1.829m³，含钢量192.18kg。其质量验收应符合GB 50204		

续表

楼梯型号	构件编号	技术参数	图例	
			Revit	Tekla
ZZT2J2-28	ZTL13	梯梁ZZT2J2-28-ZTL13长度为2640mm，其混凝土等级为C30，用量为0.247m³，含钢量55.98kg。其质量验收应符合GB 50204		
ZZT2J2-29	ZTB14	梯板ZZT2J2-29-ZTB14宽度为1300mm，其混凝土等级为C30，用量为1.902m³，含钢量193.56kg。其质量验收应符合GB 50204		
	ZTL14	梯梁ZZT2J2-29-ZTL14长度为2740mm，其混凝土等级为C30，用量为0.256m³，含钢量63.95kg。其质量验收应符合GB 50204		
ZZT2J2-30	ZTB15	梯板ZZT2J2-30-ZTB15宽度为1350mm，其混凝土等级为C30，用量为1.975m³，含钢量194.94kg。其质量验收应符合GB 50204		
	ZTL15	梯梁ZZT2J2-30-ZTL15长度为2840mm，其混凝土等级为C30，用量为0.266m³，含钢量66.10kg。其质量验收应符合GB 50204		

续表

楼梯型号	构件编号	技术参数	图例	
			Revit	Tekla
ZZT3J2-26	ZTB11	梯板ZZT3J2-26-ZTB11宽度为1150mm，其混凝土等级为C30，用量为1.707m³，含钢量175.60kg。其质量验收应符合GB 50204		
	ZTL11	梯梁ZZT3J2-26-ZTL11长度为2440mm，其混凝土等级为C30，用量为0.228m³，含钢量52.05kg。其质量验收应符合GB 50204		
ZZT3J2-27	ZTB12	梯板ZZT3J2-27-ZTB12宽度为1200mm，其混凝土等级为C30，用量为1.782m³，含钢量177.02kg。其质量验收应符合GB 50204		
	ZTL12	梯梁ZZT3J2-27-ZTL12长度为2540mm，其混凝土等级为C30，用量为0.238m³，含钢量54.01kg。其质量验收应符合GB 50204		
ZZT3J2-28	ZTB13	梯板ZZT3J2-28-ZTB13宽度为1250mm，其混凝土等级为C30，用量为1.856m³，含钢量194.41kg。其质量验收应符合GB 50204		

续表

楼梯型号	构件编号	技术参数	图例	
			Revit	Tekla
ZZT3J2-28	ZTL13	梯梁ZZT3J2-28-ZTL13长度为2640mm，其混凝土等级为C30，用量为0.247m³，含钢量55.98kg。其质量验收应符合GB 50204		
ZZT3J2-29	ZTB14	梯板ZZT3J2-29-ZTB14宽度为1300mm，其混凝土等级为C30，用量为1.930m³，含钢量195.83kg。其质量验收应符合GB 50204		
	ZTL14	梯梁ZZT3J2-29-ZTL14长度为2740mm，其混凝土等级为C30，用量为0.256m³，含钢量63.95kg。其质量验收应符合GB 50204		
ZZT3J2-30	ZTB15	梯板ZZT3J2-30-ZTB15宽度为1350mm，其混凝土等级为C30，用量为2.004m³，含钢量197.25kg。其质量验收应符合GB 50204		
	ZTL15	梯梁ZZT3J2-30-ZTL15长度为2840mm，其混凝土等级为C30，用量为0.266m³，含钢量66.10kg。其质量验收应符合GB 50204		

附表1.3 洪汇园工程项目

构件编号	构件名称	技术参数	构件图例
1	YB-1(4 ～ 16) YB-1a(4 ～ 16) YB-1b(4 ～ 16)	YB-1×尺寸为2400mm×3430mm×60mm，其混凝土等级为C30，其中YB-1重1237.37kg，体积为0.49m³，含钢量55.4kg；YB-1a重1145.7kg，体积为0.46m³，含钢量64.7kg，其中洞口尺寸为365×320mm²；YB-1b重1250.3kg，体积为0.50m³，含钢量74.7kg，其中洞口尺寸为605mm×365mm。采用套筒连接方式，其余施工符合11G101	
2	YB-2(4 ～ 16) YB-2a(4 ～ 16)	YB-2×尺寸为2400mm×4730mm×60mm其混凝土等级为C30，含钢量90.1kg。其中YB-2重1618.3kg，体积为0.50m³，其中洞口尺寸为分别为605mm×365mm、335mm×365mm。YB-2a重1618.3kg，体积为0.65m³。采用套筒连接方式，其余施工符合11G101	
3	YB-3(4 ～ 16) YB-3a(4 ～ 16)	YB-3×尺寸为2400mm×4730mm×60mm，其混凝土等级为C30，其中YB-3重1658.2kg，体积为0.66m³，含钢量90.9kg，其中洞口尺寸为365×385mm²；YB-3a重1667.2kg，体积为0.67m，含钢量92.1kg，其中洞口尺寸为365mm×605mm。采用套筒连接方式，其余施工符合11G101	
4	YB-4(4 ～ 16) YB-4a(4 ～ 16)	YB-4×尺寸为2412mm×4830mm×60mm，其混凝土等级为C30，其中YB-4重1711.00kg，体积为0.68m³，含钢量92.1kg，其中洞口尺寸为365mm×385mm；YB-4a重1704.93kg，体积为0.68m³，含钢量71.9kg，其中洞口尺寸为365mm×605mm。采用套筒连接方式，其余施工符合11G101	

续表

构件编号	构件名称	技术参数	构件图例
5	PB-1(4 ～ 16)	PB-1×尺寸为440mm×2865mm×50mm，其混凝土等级为C30，重137.48kg，体积为0.68m³，含钢量5.7kg。保温厚度为70mm，采用套筒连接方式，其余施工符合11G101	
6	PB-2(4 ～ 16)	PB-2尺寸为760mm×2795mm×50mm，其混凝土等级为C30，重276.57kg，体积为1.11m³，含钢量10.2kg。保温层厚度为70mm，采用套筒连接方式，其余施工符合11G101	
7	PB-3(4 ～ 16)	PB-3尺寸为960mm×2865mm×50mm，其混凝土等级为C30，重349.65kg，体积为1.69m³，含钢量12.6kg。保温层厚度为70mm，采用套筒连接方式，其余施工符合11G101	
8	PCF1(4 ～ 16)	PCF1尺寸为L形600mm×700mm×50mm，其混凝土等级为C30，重452.76kg，体积为1.81m³，含钢量16kg。保温层厚度为70mm，采用套筒连接方式，其余施工符合11G101	

续表

构件编号	构件名称	技术参数	构件图例
9	PCF2(4～16)	PCF2尺寸为L形600mm×600mm×50mm，其混凝土等级为C30，重416.28kg，体积为1.67m³，含钢量14.3kg。保温层厚度为70mm，采用套筒连接方式，其余施工符合11G101	
10	YTB1(4～16)	YTB1宽度为1180mm，其混凝土等级为C30，重1362.1kg，体积为0.54m³，含钢量68.6kg。采用套筒连接方式，其余施工符合11G101	
11	YTB2(4～16)	YTB2宽度为1180mm，其混凝土等级为C30，重1290.6kg，体积为0.54m³，含钢量67.6kg。采用套筒连接方式，其余施工符合11G101	
12	YL1(4～16)	YL1尺寸为200mm×260mm×4240mm，其混凝土等级为C30，重549.9kg，体积为0.22m³，含钢量35.9kg。采用套筒连接方式，其余施工符合11G101	
13	YL2(4～16)	YL2尺寸为200mm×260mm×3940mm，其混凝土等级为C30，重506.7kg，体积为0.20m³，含钢量38.1kg。采用套筒连接方式，其余施工符合11G101	
14	YL3(4～16)	YL3尺寸为200mm×260mm×4140mm，其混凝土等级为C30，重532.7kg，体积为0.21m³，含钢量35.0kg。采用套筒连接方式，其余施工符合11G101	
15	YL4(4～16)	YL4尺寸为200mm×260mm×4240mm，其混凝土等级为C30，重549.9kg，体积为0.22m³，含钢量35.6kg。采用套筒连接方式，其余施工符合11G101	

续表

构件编号	构件名称	技术参数	构件图例
16	YNB1	YNB1×尺寸为4300mm×2690mm×200mm，其混凝土等级为C30，体积为2.31m³，其中YNB1重5780.3kg，含钢量192.7kg；YNB1a重5780.2kg，含钢量197.7kg；YNB1b重5780.2kg，含钢量197.7kg。采用套筒连接方式，其余施工符合11G101	
	YNB1a		
	YNB1b		
17	YNB2-1	YNB2-1×尺寸为4300mm×2690mm×200mm，其混凝土等级为C30，重5642.9kg，体积为2.26m³，其中YNB2-1含钢量168.9kg，YNB2-1a含钢量168.9kg，YNB2-1b含钢量169.1kg。采用套筒连接方式，其余施工符合11G101	
	YNB2-1a		
	YNB2-1b		

续表

构件编号	构件名称	技术参数	构件图例
18	YNB2	YNB2×尺寸为4300mm×2690mm×200mm，其混凝土等级为C30，重5642.0kg，体积为2.26m³，其中YNB2含钢量173.7kg，YNB2a含钢量176.3kg，YNB2b含钢量169.8kg。采用套筒连接方式，其余施工符合11G101	
	YNB2a		
	YNB2b		
19	YNB3	YNB3×尺寸为1800mm×2720mm×200mm，其混凝土等级为C30，重2442.0kg，体积为0.98m³，其中YNB3含钢量72.8kg，YNB3a含钢量74.9kg。采用套筒连接方式，其余施工符合11G101	
	YNB3a		

续表

构件编号	构件名称	技术参数	构件图例
20	YNB4	YNB 4尺寸为1500mm×2720mm×200mm，其混凝土等级为C30，重2037.3kg，体积为0.81m³，其中YNB4含钢量66.3kg，YNB4a含钢量63.6kg。采用套筒连接方式，其余施工符合11G101	
	YWB4a		
21	YNB5	YNB5×尺寸为2720mm×2720mm×200mm，其混凝土等级为C30，其中YNB5重3510.0kg，体积为1.40m³，含钢量211.8kg；YNB5a重3668.4kg，体积为1.47m³，含钢量211.4kg；YNB5b重3510.0kg，体积为1.40m³，含钢量208.1kg；YNB5c重3510.9kg，体积为1.40m³，含钢量205.2kg；YNB5d重3513.6kg，体积为1.41m³，含钢量220.3kg。采用套筒连接方式，其中洞口尺寸为1200mm×2200mm。其余施工符合11G101	
	YNB5a		

续表

构件编号	构件名称	技术参数	构件图例
21	YNB5b	YNB5×尺寸为2720mm×2720mm×200mm，其混凝土等级为C30，其中YNB5重3510.0kg，体积为1.40m³，含钢量211.8kg；YNB5a重3668.4kg，体积为1.47m³，含钢量211.4kg；YNB5b重3510.0kg，体积为1.40m³，含钢量208.1kg；YNB5c重3510.9kg，体积为1.40m³，含钢量205.2kg；YNB5d重3513.6kg，体积为1.41m³，含钢量220.3kg。采用套筒连接方式，其中洞口尺寸为1200mm×2200mm。其余施工符合11G101	
	YNB5c		
	YNB5d		
22	YNB6	YNB6×尺寸为2720mm×4000mm×200mm，其混凝土等级为C30，重5433.7kg，体积为2.17m³，其中YNB6含钢量211.7kg，YNB6a含钢量222.3kg。采用套筒连接方式。其余施工符合11G101	
	YNB6a		

续表

构件编号	构件名称	技术参数	构件图例
23	YNB7		
	YNB7a		
	YNB7b	YNB7×尺寸为2720mm×3200mm×200mm，其混凝土等级为C30，重2969kg，其中YNB7体积为1.19m³，含钢量67.7kg；YNB7a体积为1.17m³，含钢量67.3kg；YNB7b体积为1.19m³，含钢量69.8kg；YNB7c体积为1.17m³，含钢量70.3kg；YNB7d体积为1.19m³，含钢量69.3kg。采用套筒连接方式，其中洞口尺寸为1200mm×2200mm。其余施工符合11G101	
	YNB7c		
	YNB7d		

续表

构件编号	构件名称	技术参数	构件图例
24	YNB8	YNB8×尺寸为2720mm×2720mm×200mm，其混凝土等级为C30，重2580kg，体积为1.03m³，其中YNB8含钢量74.1kg，YNB8a含钢量78.5kg。采用套筒连接方式。其余施工符合11G101	
	YNB8a		
25	YWB1	YWB1×尺寸为2900mm×1200mm×200mm，其混凝土等级为C30，重1562.8kg，体积为0.63m³，其中YWB1含钢量64.9kg，YWB1a含钢量58.3kg。采用套筒连接方式。其余施工符合11G101	
	YWB1a		

续表

构件编号	构件名称	技术参数	构件图例
26	YWB2 (4,5)		
	YWB2a (15,16)	YWB2×尺寸为2720mm×2900mm×200mm，其混凝土等级为C30，其中YWB2重3388.5kg，体积为1.36m³，含钢量168.1kg；YWB2a重1562.8kg，体积为1.61m³，含钢量168kg；YWB2b重3388.5kg，体积为1.36m³，含钢量146.9kg。采用套筒连接方式，其中洞口尺寸为1500×1600mm²。其余施工符合11G101	
	YWB2b (17)		
27	YWB3	YWB3×尺寸为2720mm×4300mm×200mm，其混凝土等级为C30，重4042.1kg，体积为1.62m³，其中YWB3含钢量144.5kg，YWB3a含钢量142.4kg，YWB3b含钢量144.4kg，YWB3c含钢量137.6kg。采用套筒连接方式，其中洞口尺寸为1500mm×1650mm，800mm×1250mm。其余施工符合11G101	
	YWB3a		

续表

构件编号	构件名称	技术参数	构件图例
27	YWB3b	YWB3×尺寸为2720mm×4300mm×200mm，其混凝土等级为C30，重4042.1kg，体积为1.62m³，其中YWB3含钢量144.5kg，YWB3a含钢量142.4kg，YWB3b含钢量144.4kg，YWB3c含钢量137.6kg。采用套筒连接方式，其中洞口尺寸为1500mm×1650mm，800mm×1250mm。其余施工符合11G101	
	YWB3c		
28	YWB4	YWB4×尺寸为2725mm×2690mm×200mm，其混凝土等级为C30，重2400.7kg，体积为0.96m³，其中YWB4含钢量84kg，YWB4a含钢量84kg，YWB4b含钢量74.4kg。采用套筒连接方式。其余施工符合11G101	
	YWB4a		
	YWB4b		

构件编号	构件名称	技术参数	构件图例
29	YWB5		
	YWB5a	YWB5×尺 寸 为2655mm×1160mm×200mm，其 混 凝 土 等 级 为C30，重2193.1kg，体 积 为0.88m³，其中YWB5含钢量115.2kg，YWB5a含钢量116.9kg，WB5b含 钢 量114.9kg，YWB5c含 钢量100.7kg。采用套筒连接方式，其中洞口尺寸为800mm×1200mm。其余施工符合11G101	
	YWB5b		
	YWB5c		

续表

构件编号	构件名称	技术参数	构件图例
30	YWB6	YWB6× 尺寸为2655mm×1160mm×200mm，其混凝土等级为C30，其中YWB6重2193.1kg，体积为0.88m³，含钢量114.9kg；YWB6a重2016.2kg，体积为0.81m³，含钢量93.7kg；YWB6b重2016.2kg，体积为0.81m³，含钢量103.7kg；YWB6c重2016.2kg，体积为0.89m³，含钢量93.7kg。采用套筒连接方式，其中洞口尺寸为600mm×1250mm。其余施工符合11G101	
	YWB6a		
	YWB6b		
	YWB6c		
31	YWB7	YWB7× 尺寸为2890mm×2690mm×200mm，其混凝土等级为C30，重2419kg，体积为0.97m³，含钢量61kg。采用套筒连接方式。其余施工符合11G101	

续表

构件编号	构件名称	技术参数	构件图例
31	YWB7a	YWB7×尺寸为2890mm×2690mm×200mm，其混凝土等级为C30，重2419kg，体积为0.97m³，含钢量61kg。采用套筒连接方式。其余施工符合11G101	
32	YWB8	YWB8尺寸为1800mm×2690mm×200mm，其混凝土等级为C30，重2417.5kg，体积为0.97m³，含钢量61kg。采用套筒连接方式。其余施工符合11G101	
	YWB8a	YWB8a尺寸为1800mm×2690mm×200mm，其混凝土等级为C30，重2417.5kg，体积为0.97m³，含钢量61kg。采用套筒连接方式。其余施工符合11G101	
33	YWB9	YWB9尺寸为2840mm×4100mm×200mm，其混凝土等级为C30，重3622.2kg，体积为1.45m³，含钢量160.7kg。采用套筒连接方式，其中洞口尺寸为1500mm×1600mm，800mm×1200mm。其余施工符合11G101	
	YWB9a		

续表

构件编号	构件名称	技术参数	构件图例
33	YWB9b	YWB9尺寸为2840mm×4100mm×200mm，其混凝土等级为C30，重3622.2kg，体积为1.45m³，含钢量160.7kg。采用套筒连接方式，其中洞口尺寸为1500mm×1600mm，800mm×1200mm。其余施工符合11G101	
34	YWB10	YWB10尺寸为2600mm×4100mm×200mm，其混凝土等级为C30，重3629.5kg，体积为1.45m³，含钢量118.9kg。采用套筒连接方式，其中洞口尺寸为1500mm×1600mm，800mm×1200mm。其余施工符合11G101	
35	YWB11 YWB11a	YWB11×尺寸为2700mm×1200mm×200mm，其混凝土等级为C30，重3629.5kg，体积为0.63m³，其中YNB11含钢量58.3kg，YNB11a含钢量58.3kg。采用套筒连接方式，其余施工符合11G101	

构件编号	构件名称	技术参数	构件图例
36	YWB12		
	YWB12a	YWB12×尺寸为2830mm×2865mm×200mm，其混凝土等级为C30，重2422.2kg，体积为0.97m³。其中YWB12含钢量114.7kg，YWB12a含钢量113.2kg，YWB12b含钢量107.8kg。采用套筒连接方式。其余施工符合11G101	
	YWB12b		
37	YWB13	YWB13×尺寸为3185mm×3020mm×200mm，其混凝土等级为C30，重3755.6kg，体积为1.51m³。其中YWB13含钢量146.0kg，YWB13a含钢量146.0kg，YWB13b含钢量140.9kg，YWB13c含钢量132.5kg。采用套筒连接方式。其余施工符合11G101	
	YWB13a		

续表

构件编号	构件名称	技术参数	构件图例
37	YWB13b	YWB13×尺寸为3185mm×3020mm×200mm，其混凝土等级为C30，重3755.6kg，体积为1.51m³，其中YWB13含钢量146.0kg，YWB13a含钢量146.0kg，YWB13b含钢量140.9kg，YWB13c含钢量132.5kg。采用套筒连接方式。其余施工符合11G101	
	YWB13c		
38	YWB14	YWB14×尺寸为2865mm×4490mm×200mm，其混凝土等级为C30，重4032.0kg，体积为1.61m³，其中YWB14含钢量143.4kg，YWB14a含钢量139.0kg，YWB14b含钢量148.1kg。采用套筒连接方式，其中洞口尺寸为1500mm×1400mm，900mm×1400mm。其余施工符合11G101	
	YWB14a		
	YWB14b		

续表

构件编号	构件名称	技术参数	构件图例
39	YWB15	YWB15×尺寸为3220mm×2830mm×200mm，其混凝土等级为C30，重3675.3kg，体积为147m³，其中WB15含钢量93.6kg，YWB15a含钢量89.9kg。采用套筒连接方式。其余施工符合11G101	
	YWB15a		
40	YWB16	YWB16×尺寸为2621mm×5690mm×200mm，其混凝土等级为C30，重4946.0kg，体积为1.98m³，其中YWB16含钢量212.3kg，YWB16a含钢量215.9kg，YWB16b含钢量211.3kg，YWB16c含钢量211.3kg，YWB16d含钢量211.3kg，YWB16e含钢量205.6kg。采用套筒连接方式，其中洞口尺寸为2000mm×1660mm，900mm×1450mm。其余施工符合11G101	
	YWB16a		
	YWB16b		

续表

构件编号	构件名称	技术参数	构件图例
40	YWB16c		
	YWB16d	YWB16×尺寸为2621mm×5690mm×200mm，其混凝土等级为C30，重4946.0kg，体积为1.98m³，其中YWB16含钢量212.3kg，YWB16a含钢量215.9kg，YWB16b含钢量211.3kg，YWB16c含钢量211.3kg，YWB16d含钢量211.3kg，YWB16e含钢量205.6kg。采用套筒连接方式，其中洞口尺寸为2000mm×1660mm，900mm×1450mm。其余施工符合11G101	
	YWB16e		
41	YKB-1	YKB-1尺寸为1200mm×810mm×80mm，其混凝土等级为C30，重194.4kg，体积为0.08m³，含钢量9kg。采用套筒连接方式，其余施工符合11G101	

A户型			
构件编号	构件名称	构件图例	户型图例
1	YB-1 (4～16)		
1	YB-1a (4～16)		（户型图例见下页）
1	YB-1b (4～16)		

续表

构件编号	构件名称	构件图例	户型图例
A户型			
12	YL-1 (4 ～ 16)		
13	YL-2 (4 ～ 16)		
8	PCF-1 (4 ～ 16)		
9	PCF-2 (4 ～ 16)		
25	YWB-1 (4 ～ 16) YWB-1a(17)		

续表

构件编号	构件名称	构件图例	户型图例
A 户型			
构件编号	构件名称	构件图例	户型图例
26	YWB-2 (4 ～ 14) YWB-2a (15, 16) YWB-2b(17)		
35	YWB-11(4 ～ 11) YWB-11a(17)		YL-2　YWB-12
36	YWB-12(4 ～ 10) YWB-12a(11 ～ 14) YWB-12b(14 ～ 16) YWB-12c(17)		
B 户型			
构件编号	构件名称	构件图例	户型图例
27	YWB3(4, 5) YWB3(6 ～ 10) YWB3b (11, 15, 16) YWB3c (12 ～ 14. 17)		（户型图例见下页）

构件编号	构件名称	构件图例	户型图例
	B户型		
28	YWB4 (4 ～ 10) YWB4a (11 ～ 16) YWB4b(17)		YL-2　　YB-2 　　　　YB-2a YWB-3　　YWB-4
13	YL-2 (4 ～ 16)		
2	YB-2 (4 ～ 16)		
2	YB-2a (4 ～ 16)		
	C户型		
30	YWB-6 (4 ～ 8) YWB-6a (9，10) YWB-6b (11 ～ 16) YWB-6c(17)		（户型图见下页）
31	YWB-7 (4 ～ 16) YWB-7a(17)		

续表

C户型			
构件编号	构件名称	构件图例	户型图例
32	YWB-8 (4～16) YWB-8a(17)		
33	YWB-9 (4～10) YWB-9b (10～16) YWB-9c(17)		
17	YNB-2 (4～11) YNB-2a (12～14) YNB-2b (15，16) YNB-2c (17)		
9	PCF-2 (4～16)		

续表

C户型			
构件编号	构件名称	构件图例	户型图例
3	YB-3 (4 ～ 16)		PCF-2 YWB-6　YWB-8 YWB-7
3	YB-3a (4 ～ 16)		

D户型			
构件编号	构件名称	构件图例	户型图例
17	YNB-2 (4 ～ 11) YNB-2a (12 ～ 14) YNB-2b (15, 16) YNB-2c(17)		
34	YWB-10 (4 ～ 16) YWB-10a(17)		YB-4 YB-4a YNB-2　YNB-2 YW-10
4	YB-4 (4 ～ 16)		
4	YB-4a (4 ～ 16)		

附表1.4　公租房与惠民惠生工程项目

构件编号	构件名称	技术参数	图例
1	YB-1	YB-1×尺寸为2695mm×3630mm×60mm，其混凝土等级为C30，重1466kg，体积为0.58m³，含钢量97.3kg。YB-1a，YB-1b混凝土1443.8kg，体积为0.57m³，含钢量96.1kg，其中洞口尺寸为405mm×305mm。采用套筒连接方式，其余施工符合11G101	
	YB-1a		
	YB-1b		
2	YB-2	YB-2×尺寸为2245mm×3630mm×60mm，其混凝土等级为C30，重1222.4kg，体积为0.49m³，含钢量88.4kg。YB-2a混凝土重107.05，体积为0.43m³，含钢量78.4kg，其中洞口尺寸分别为1615mm×515mm和365mm×495mm。采用套筒连接方式，其余施工符合11G101	
	YB-2a		
	YB-2b		
3	YB-3	YB-3×尺寸为2245mm×3630mm×60mm，其混凝土等级为C30，混凝土重1070.5kg，体积为0.43m³，含钢量86kg，其中洞口尺寸分别为1615mm×515mm和365mm×495mm。采用套筒连接方式，其余施工符合11G101	
	YB-3a		

续表

构件编号	构件名称	技术参数	图例
4	YB-4	YB-4a尺寸为2575mm×5530mm×60mm，其混凝土等级为C30，重2133.1kg，体积为0.85m³，含钢量149.9kg。采用套筒连接方式，其余施工符合11G101	
	YB-4a		
5	YB-5	YB-5尺寸为2500mm×5530mm×60mm，其混凝土等级为C30，重2694.1kg，体积为1.08m³，含钢量75.1kg，其中洞口尺寸分别为390mm×495mm和390mm×365mm。采用套筒连接方式，其余施工符合11G101	
6	YB-6	YB-6×尺寸为3145mm×4630mm×60mm其混凝土等级为C30，重2159.2kg，体积为0.86m³，含钢量79.8kg，其中洞口尺寸为405mm×365mm。采用套筒连接方式，其余施工符合11G101	
	YB-6a		
7	YD-1	YD-1尺寸为2695mm×3630mm×80mm，其混凝土等级为C30，重1467.4kg，体积为0.59m³，含钢量88.3kg。YD-1a，YD-1b混凝土重445.3kg，体积为0.58m³，含钢量79.2kg其中洞口尺寸为405mm×365mm。采用套筒连接方式，其余施工符合11G101	
	YD-1a		
	YD-1b		

构件编号	构件名称	技术参数	图例
8	YD-2		
	YD-2a	YD-2×尺寸为2695mm×3630mm×80mm，其混凝土等级为C30，重1222.4m³，体积为0.58m³，含钢量87.2kg。其中YD-2a，混凝土1445.3kg，体积为0.53m³，含钢量79.3kg其中洞口尺寸为405mm×365mm。采用套筒连接方式，其余施工符合11G101	
	YD-2b		
9	YD-3	YD-3×尺寸为2245mm×3630mm×80mm，其混凝土等级为C30，重1195.2kg，体积为0.48m³，含钢量72.9kg，其中洞口尺寸为405mm×365mm。采用套筒连接方式，其余施工符合11G101	
	YD-3a		
10	YD-4	YD-4×尺寸为2575mm×5350mm×80mm，其混凝土等级为C30，重2755.2kg，体积为1.1m³，含钢量163.6kg。采用套筒连接方式，其余施工符合11G101	
	YD-4a		

续表

构件编号	构件名称	技术参数	图例
11	YD-5 YD-5a	YD-5×尺寸为2150mm×5035mm×80mm，其混凝土等级为C30，重2701.8kg，体积为1.08m³，含钢量280.5kg，其中洞口尺寸为495mm×350mm。采用套筒连接方式，其余施工符合11G101	
12	YD-6 YD-6a	YD-6×尺寸为3145mm×4630mm×80mm，其混凝土等级为C30，重2162.2kg，体积为0.86m³，含钢量210.7kg，其中洞口尺寸为405mm×365mm。采用套筒连接方式，其余施工符合11G101	
13	YKB-1	YKB-1尺寸为1200mm×810mm×80mm，其混凝土等级为C30，重194.4kg，体积为0.08m³，含钢量9kg。采用套筒连接方式，其余施工符合11G101	
14	YNB-1 YNB-1a YNB-1b	YNB-1×尺寸为5350mm×2800mm×200mm，其混凝土等级C30，重7489.9kg，体积为3m³，含钢量284.8kg。采用套筒连接方式，其余施工符合11G101	

构件编号	构件名称	技术参数	图例
14	YNB-1c		
	YNB-1d		
	YNB-1e		
	YNB-1g	YNB-1×尺寸为5350mm×2800mm×200mm，其混凝土等级C30，重7489.9kg，体积为3m³，含钢量284.8kg。采用套筒连接方式，其余施工符合11G101	
	YNB-1h		
	YNB-1k		
	YNB-1m		

续表

构件编号	构件名称	技术参数	图例
15	YNB-2	YNB-2×尺寸为5350mm×2840mm×200mm，其混凝土等级C30，重7230.0kg，体积为3m³，含钢量330.8kg。其中YNB-2a，YNB-2b，YNB-2c，YNB-2d，YNB-2k，重7462.0kg，体积为3.02m³，含钢量330.9kg。采用套筒连接方式，其余施工符合11G101	
	YNB-2a		
	YNB-2b		
	YNB-2c		
	YNB-2d		
	YNB-2k		
16	YNB-3	YNB-3×尺寸为4300mm×2840mm×200mm，其混凝土等级C30，重5009.3kg，体积为2m³，含钢量168.9kg，其中洞口尺寸为1000mm×2180mm。采用套筒连接方式，其余施工符合11G101	
	YNB-3a		

续表

构件编号	构件名称	技术参数	图例
16	YNB-3b		
	YNB-3c	YNB-3×尺寸为4300mm×2840mm×200mm，其混凝土等级C30，重5009.3kg，体积为2m³，含钢量168.9kg，其中洞口尺寸为1000mm×2180mm。采用套筒连接方式，其余施工符合11G101	
	YNB-3k		
17	YNB-4		
	YNB-4a	YNB-4尺寸为4900mm×2700mm×200mm，其混凝土等级C30，重6642.9kg，体积为2.74m³，含钢量260.6kg。采用套筒连接方式，其余施工符合11G101	
	YNB-4b		
	YNB-4c		

续表

构件编号	构件名称	技术参数	图例
17	YNB-4k	YNB-4尺寸为4900mm×2700mm×200mm，其混凝土等级C30，重6642.9kg，体积为2.74m³，含钢量260.6kg。采用套筒连接方式，其余施工符合11G101	
18	YNB-5		
	YNB-5a		
	YNB-5b	YNB-5×尺寸为3000mm×2840mm×200mm，其混凝土等级C30，重2615.5kg，体积为1.05m³，含钢量149.7kg，其中洞口尺寸为1300mm×2530mm。采用套筒连接方式，其余施工符合11G101	
	YNB-5c		

续表

构件编号	构件名称	技术参数	图例
18	YNB-5k	YNB-5×尺寸为3000mm×2840mm×200mm，其混凝土等级C30，重2615.5kg，体积为1.05m³，含钢量149.7kg，其中洞口尺寸为1300mm×2530mm。采用套筒连接方式，其余施工符合11G101	
19	YNB-6	YNB-6×尺寸为3000mm×2840mm×200mm，其混凝土等级C30，重4260.0kg，体积为1.7m³，含钢量513.2kg。采用套筒连接方式，其余施工符合11G101	
	YNB-6a		
	YNB-6b		
	YNB-6c		

续表

构件编号	构件名称	技术参数	图例
19	YNB-6k	YNB-6×尺寸为3000mm×2840mm×200mm，其混凝土等级C30，重4260.0kg，体积为1.7m³，含钢量513.2kg。采用套筒连接方式，其余施工符合11G101	
20	YNB-7		
	YNB-7a		
	YNB-7b	YNB-7×尺寸为4000mm×2860mm×200mm，其混凝土等级C30，重5270.0kg，体积为2.29m³，含钢量201.0kg。采用套筒连接方式，其余施工符合11G101	
	YNB-7c		
	YNB-7k		

续表

构件编号	构件名称	技术参数	图例
21	YNB-8		
	YNB-8a		
	YNB-8b	YNB-8×尺寸为3200mm×2860mm×200mm，其混凝土等级C30，重3456.0kg，体积为1.38m³，含钢量210.6kg，其中洞口尺寸为1000mm×2230mm。采用套筒连接方式，其余施工符合11G101	
	YNB-8d		
	YNB-8k		

构件编号	构件名称	技术参数	图例
22	YNB-9		
	YNB-9a		
	YNB-9b	YNB-9×尺寸为4100mm×2840mm×200mm，其混凝土等级为C30，重3852.9kg，体积为1.54m³，含钢量82.4kg，其中洞口尺寸分别为1000×2180mm²和800×2180mm²。采用套筒连接方式，其余施工符合11G101	
	YNB-9c		
	YNB-9k		
23	YNB-10	YNB-10尺寸为4600mm×2840mm×200mm，其混凝土等级为C30，重4079.0kg，体积为1.63m³，含钢量93.7kg，其中洞口尺寸分别为1000mm×2230mm和1200mm×2230mm。采用套筒连接方式，其余施工符合11G101	
	YNB-10a		

续表

构件编号	构件名称	技术参数	图例
23	YNB-10b		
	YNB-10c	YNB-10尺寸为4600mm×2840mm×200mm，其混凝土等级为C30，重4079.0kg，体积为1.63m³，含钢量93.7kg，其中洞口尺寸分别为1000mm×2230mm和1200mm×2230mm。采用套筒连接方式，其余施工符合11G101	
	YNB-10d		
	YNB-10k		
24	YNE-1	YNE-1尺寸为5200mm×1780mm×200mm，其混凝土等级C30，重4758kg，体积为1.9m³，含钢量173.9kg，其中洞口尺寸为5200mm×100mm。采用套筒连接方式，其余施工符合11G101	
25	YNE-2	YNE-2尺寸为4600mm×1780mm×200mm，其混凝土等级C30，重4209.0kg，体积为1.68m³，含钢量164.9kg，其中洞口尺寸为4600mm×100mm。采用套筒连接方式，其余施工符合11G101	
26	YNE-3	YNE-3尺寸为4600mm×1780mm×200mm，其混凝土等级C30，重4209.0kg，体积为1.68m³，含钢量153.2kg，其中洞口尺寸为4600mm×100mm。采用套筒连接方式，其余施工符合11G101	

续表

构件编号	构件名称	技术参数	图例
27	YNE-4	YNE-4尺寸为4100mm×1780mm×200mm，其混凝土等级C30，重3751.5kg，体积为1.50m³，含钢量41.3kg，其中洞口尺寸为4100mm×100mm。采用套筒连接方式，其余施工符合11G101	
28	YNE-5	YNE-5尺寸为3390mm×1780mm×200mm，其混凝土等级C30，重3101.8kg，体积为1.24m³，含钢量133.8kg，其中洞口尺寸为3390mm×100mm。采用套筒连接方式，其余施工符合11G101	
29	YNE-6	YNE-6尺寸为3800mm×1780mm×200mm，其混凝土等级C30，重3477.0kg，体积为1.39m³，含钢量156.2kg，其中洞口尺寸为3800mm×100mm。采用套筒连接方式，其余施工符合11G101	
30	YNE-7	YNE-7尺寸为3500mm×1780mm×200mm，其混凝土等级C30，重3202.5kg，体积为1.28m³，含钢量141.1kg，其中洞口尺寸为3500mm×100mm。采用套筒连接方式，其余施工符合11G101	
31	YTB-1	YTB-1尺寸为3142mm×1230mm×331mm，其混凝土等级C30，重1739.1kg，体积为0.72m³，含钢量60.7kg。采用套筒连接方式，其余施工符合11G101	
32	YTB-2	YTB-2尺寸为3142mm×1230mm×331mm，其混凝土等级C30，重1739.1kg，体积为0.72m³，含钢量60.7kg。采用套筒连接方式，其余施工符合11G101	
33	YWB-1	YWB-1尺寸为5200mm×2800mm×200mm，其混凝土等级为C30，重5120.0kg，体积为2.05m³，含钢量384.9kg，其中洞口尺寸分别为1200mm×2100mm和1200mm×1500mm。采用套筒连接方式，其余施工符合11G101	

续表

构件编号	构件名称	技术参数	图例
33	YWB-1a		
	YWB-1b	YWB-1尺寸为5200mm×2800mm×200mm，其混凝土等级为C30，重5120.0kg，体积为2.05m³，含钢量384.9kg，其中洞口尺寸分别为1200mm×2100mm和1200mm×1500mm。采用套筒连接方式，其余施工符合11G101	
	YWB-1c		
	YWB-1k		
34	YWB-2		
	YWB-2a	YWB-2尺寸为4600mm×2840mm×200mm，其混凝土等级为C30，重4372.0kg，体积为1.75m³，含钢量418.9kg，其中洞口尺寸分别为1200mm×2100mm和1200mm×1500mm。采用套筒连接方式，其余施工符合11G101	
	YWB-2b		

续表

构件编号	构件名称	技术参数	图例
34	YWB-2c	YWB-2尺寸为4600mm×2840mm×200mm，其混凝土等级为C30，重4372.0kg，体积为1.75m³，含钢量418.9kg，其中洞口尺寸分别为1200mm×2100mm和1200mm×1500mm。采用套筒连接方式，其余施工符合11G101	
	YWB-2k		
35	YWB-3		
	YWB-3'	YWB-3×尺寸为2450mm×2840mm×200mm，其混凝土等级为C30，重3478.9kg，体积为1.39m³，含钢量127.7kg。采用套筒连接方式，其余施工符合11G101	
	YWB-3a		
	YWB-3a'		

续表

构件编号	构件名称	技术参数	图例
35	YWB-3b		
	YWB-3b'		
	YWB-3c	YWB-3×尺寸为2450mm×2840mm×200mm，其混凝土等级为C30，重3478.9kg，体积为1.39m³，含钢量127.7kg。采用套筒连接方式，其余施工符合11G101	
	YWB-3c'		
	YWB-3d		
	YWB-3e		

续表

构件编号	构件名称	技术参数	图例
35	YWB-3g		
	YWB-3h		
	YWB-3k	YWB-3×尺寸为2450mm×2840mm×200mm，其混凝土等级为C30，重3478.9kg，体积为1.39m³，含钢量127.7kg。采用套筒连接方式，其余施工符合11G101	
	YWB-3k'		
	YWB-3n		

续表

构件编号	构件名称	技术参数	图例
36	YWB-4		
	YWB-4a		
	YWB-4b	YWB-4尺寸为4600mm×2840mm×200mm，其混凝土等级为C30，重4732.0kg，体积为1.89m³，含钢量447.4kg，其中洞口尺寸为1200mm×1500mm。采用套筒连接方式，其余施工符合11G101	
	YWB-4c		
	YWB-4d		
	YWB-4e		

续表

构件编号	构件名称	技术参数	图例
36	YWB-4g		
	YWB-4k	YWB-4尺寸为4600mm×2840mm×200mm，其混凝土等级为C30，重4732.0kg，体积为1.89m³，含钢量447.4kg，其中洞口尺寸为1200mm×1500mm。采用套筒连接方式，其余施工符合11G101	
	YWB-4n		
37	YWB-5		
	YWB-5a	YWB-5尺寸为4600mm×2980mm×200mm，其混凝土等级为C30，重6031.4kg，体积为2.41m³，含钢量369.0kg，其中洞口尺寸分别为620mm×900mm和600mm×1500mm。采用套筒连接方式，其余施工符合11G101	
	YWB-5b		

续表

构件编号	构件名称	技术参数	图例
37	YWB-5c	YWB-5尺寸为4600mm×2980mm×200mm，其混凝土等级为C30，重6031.4kg，体积为2.41m³，含钢量369.0kg，其中洞口尺寸分别为620mm×900mm和600mm×1500mm。采用套筒连接方式，其余施工符合11G101	
	YWB-5k		
38	YWB-6	YWB-6尺寸为4000mm×2980mm×200mm，其混凝土等级为C30，重4534.1kg，体积为1.81m³，含钢量256.5kg，其中洞口尺寸为1400mm×1800mm。采用套筒连接方式，其余施工符合11G101	
	YWB-6a		
	YWB-6b		
	YWB-6c		

构件编号	构件名称	技术参数	图例
38	YWB-6k	YWB-6尺寸为4000mm×2980mm×200mm，其混凝土等级为C30，重4534.1kg，体积为1.81m³，含钢量256.5kg，其中洞口尺寸为1400mm×1800mm。采用套筒连接方式，其余施工符合11G101	
39	YWB-7		
	YWB-7a		
	YWB-7b	YWB-7尺寸为4600mm×2840mm×200mm，其混凝土等级为C30，重4732.0kg，体积为1.89m³，含钢量164.5kg，其中洞口尺寸为1200mm×1500mm。采用套筒连接方式，其余施工符合11G101	
	YWB-7c		
	YWB-7k		

续表

构件编号	构件名称	技术参数	图例
	YWB-8		
	YWB-8a		
40	YWB-8b	YWB-8尺寸为3300mm×2840mm×200mm，其混凝土等级为C30，重3336.0kg，体积为1.33m³，含钢量25.8kg，其中洞口尺寸为1800mm×1500mm。采用套筒连接方式，其余施工符合11G101	
	YWB-8c		
	YWB-8k		

续表

构件编号	构件名称	技术参数	图例
41	YWB-9		
	YWB-9a		
	YWB-9b	YWB-9尺寸为2800mm×2800mm×200mm，其混凝土等级为C30，重3020.0kg，体积为1.21m³，含钢量11.8kg，其中洞口尺寸为1200mm×1500mm。采用套筒连接方式，其余施工符合11G101	
	YWB-9c		
	YWB-9k		

续表

构件编号	构件名称	技术参数	图例
42	YWB-10		
	YWB-10a		
	YWB-10b	YWB-10尺寸为4500mm×2800mm×200mm，其混凝土等级为C30，重5400.0kg，体积为2.16m³，含钢量9.3kg，其中洞口尺寸为1200mm×1500mm。采用套筒连接方式，其余施工符合11G101	
	YWB-10c		
	YWB-10k		

续表

构件编号	构件名称	图例	户型图
		A户型	
16	YNB-3（3层） YNB-3k（4层） YNB-3a（5～9层） YNB-3b（10～17层） YNB-3c（18层）		 A户型西南方向
14	YNB-1（3层） YNB-1d（3层） YNB-1k（4层） YNB-1m（4层） YNB-1a（5～9层） YNB-1e（5～9层） YNB-1b（10～17层） YNB-1g（10～17层） YNB-1h（18层） YNB-1c（18层）		 A户型西北方向
15	YNB-2（3层） YNB-2k（4层） YNB-2a（5～9层） YNB-2b（10～17层） YNB-2c（18层）		 A户型东北方向
34	YWB-2（3层） YWB-2k（4层） YWB-2a（5～9层） YWB-2b（10～17层） YWB-2c（18层）		
13	YKB-1F（1～18层）		
6	YB-6（1～18层） YB-6a（1～18层）	 	 A户型东南方向

续表

A户型-F				
构件编号	构件名称	图例		户型图
16	YNB-3F（3层） YNB-3kF（4层） YNB-3aF（5～9层） YNB-3bF（10～17层） YNB-3cF（18层）			YB-6F　YB-6aF　YKB-1 YNB-2　YWB-2F A户型西南方向
15	YNB-2（3层） YNB-2k（4层） YNB-2a（5～9层） YNB-2b（10～17层） YNB-2c（18层）			
14	YNB-1F（3层） YNB-1d（3层） YNB-1kF（4层） YNB-1m（4层） YNB-1aF（5～9层） YNB-1e（5～9层） YNB-1bF（10～17层） YNB-1g（10～17层） YNB-1h（18层） YNB-1cF（18层）			A户型西北方向
34	YWB-2F（3层） YWB-2kF（4层） YWB-2aF（5～9层） YWB-2bF（10～17层） YWB-2cF（18层）			YNB-1d　YNB-3F A户型东北方向
13	YKB-1（1～18层）			
6	YB-6F（1～18层）			A户型东南方向
	YB-6aF（1～18层）			

续表

	C户型		
构件编号	构件名称	图例	户型图
17	YNB-4（3层） YNB-4k（4层） YNB-4a（5～9层） YNB-4b（10～17层） YNB-4c（18层）		
22	YNB-9（3层） YNB-9k（4层） YNB-9a（5～9层） YNB-9b（10～17层） YNB-9c（18层）		C户型西南方向
35	YWB-3（3层） YWB-3'（3层） YWB-3k（4层） YWB-3k'（4层） YWB-3a（5～9层） YWB-3a'（5～9层） YWB-3b（10～17层） YWB-3b'（10～17层） YWB-3c（18层） YWB-3c'（18层）		
36	YWB-4（3层） YWB-4k（4层） YWB-4a（5～9层） YWB-4b（10～17层） YWB-4c（18层）		
37	YWB-5（3层） YWB-5k（4层）		C户型西北方向
38	YWB-6（3层） YWB-6k（4层）		

续表

C户型			
构件编号	构件名称	图例	户型图
40	YWB-8（3层） YWB-8k（4层） YWB-8a（5～9层） YWB-8b（10～17层） YWB-8c（18层）		 YNB-6　YWB-4　YWB-3′　YWB-3 C户型东北方向
18	YNB-5a（5～9层） YNB-5b（10～17层） YNB-5c（18层）		
19	YNB-6a（5～9层） YNB-6b（10～17层） YNB-6c（18层）		
1	YB-1（1～18层）		
	YB-1a（1～18层）		
2	YB-2（1～18层）		 C户型东南方向
	YB-2a（1～18层）		
13	YKB-1F（1～18层）		

续表

构件编号	构件名称	图例	户型图
	C户型–F		
17	YNB-4F（3层） YNB-4kF（4层） YNB-4aF（5～9层） YNB-4bF（10～17层） YNB-4cF（18层）		
18	YNB-5F（3层） YNB-5kF（4层） YNB-5aF（5～9层） YNB-5bF（10～17层） YNB-5cF（18层）		YB-3 YB-2b YB-1b YB-1F YNB-10 YNB-4F C户型西南方向
35	YWB-3F（3层） YWB-3kF（4层） YWB-3aF（5～9层） YWB-3bF（10～17层） YWB-3cF（18层） YWB-3'F（3层） YWB-3k'F（4层） YWB-3a'F（5～9层） YWB-3b'F（10-17层） YWB-3c'F（18层）		
23	YNB-10（3层） YNB-10k（4层） YNB-10a（5～9层） YNB-10b（10～17层） YNB-10c（18层）		
37	YWB-5F（3层） YWB-5kF（4层）		C户型西北方向
38	YWB-6（3层）		

续表

构件编号	构件名称	图例	户型图
		C户型-F	
40	YWB-8F（3层） YWB-8kF（4层） YWB-8aF（5～9层） YWB-8bF（10～17层） YWB-8cF（18层）		YKB-1
39	YWB-7k（4层） YWB-7a（5～9层） YWB-7b（10～17层） YWB-7c（18层）		YWB-8F　YWB-3F　YWB-3′F　YWB-7 C户型东北方向
1	YB-1F（1～18层）		
	YB-1b（1～18层）		
2	YB-2b（1～18层）		
3	YB-3（1～18层）		C户型东南方向
13	YKB-1（1～18层）		

续表

	楼梯间		
构件编号	构件名称	图例	户型图
21	YNB-8（3层） YNB-8k（4层） YNB-8a（5～9层） YNB-8b（10～17层） YNB-8c（18层）		 YTB-2 YTB-1 YNB-6 YNB-7 楼梯间西南方向
20	YNB-7（3层） YNB-7k（4层） YNB-7a（5～9层） YNB-7b（10～17层） YNB-7c（18层）		
37	YWB-5（3层） YWB-5k（4层） YWB-5a（5～9层） YWB-5b（10～17层） YWB-5c（18层）		 楼梯间西北方向
19	YNB-6（3层） YNB-6k（4层） YNB-6a（5～9层） YNB-6b（10～17层） YNB-6c（18层）		 YWB-5 YNB-8 楼梯间东北方向
32	YTB-2（1～18层）		
31	YTB-1（1～18层）		 楼梯间东南方向

续表

电梯间			
构件编号	构件名称	图例	户型图
21	YNB-8（3层） YNB-8k（4层） YNB-8a（5～9层） YNB-8b（10～17层） YNB-8c（18层）		 电梯间西南方向 电梯间西北方向
38	YWB-6（3层） YWB-6k（4层） YWB-6a（5～9层） YWB-6b（10～17层） YWB-6c（18层）		 电梯间东北方向 电梯间东南方向

续表

B户型			
构件编号	构件名称	图例	户型图
13	YKB-1（1～18层）		
41	YWB-9（3层） YWB-9k（4层） YWB-9a（5～9层） YWB-9b（10～17层） YWB-9c（18层）		
42	YWB-10（3层） YWB-10k（4层） YWB-10a（5～9层） YWB-10b（10～17层） YWB-10c（18层）		
33	YWB-1（3层） YWB-1k（4层） YWB-1a（5～9层） YWB-1b（10～17层） YWB-1c（18层）		
14	YNB-1（3层） YNB-1k（4层） YNB-1a（5～9层） YNB-1b（10～17层） YNB-1c（18层）		
17	YNB-4（3层） YNB-4k（4层） YNB-4a（5～9层） YNB-4b（10～17层） YNB-4c（18层）		
4 （10）	YB-4（3～17层） YD-4（18层）		
5 （11）	YB-5（3～17层） YD-5（18层）		
4 （10）	YB-4a（3～17层） YD-4a		

YB-4　YB-5　YB-4a

YWB-9k　YWB-10k　YWB-1

B户型西南面

B户型东南面

B户型西北面

YKB-1

YNB-1　YNB-4

B户型东北面

续表

B户型–F			
构件编号	构件名称	图例	户型图
13	YKB-1F（1～18层）		 B户型-F东南面
41	YWB-9F（3层） YWB-9kF（4层） YWB-9aF（5～9层） YWB-9bF（10～17层） YWB-9cF（18层）		 B户型-F西南面
42	YWB-10F（3层） YWB-10kF（4层） YWB-10aF（5～9层） YWB-10bF（10～17层） YWB-10cF（18层）		
33	YWB-1F（3层） YWB-1kF（4层） YWB-1aF（5～9层） YWB-1bF（10～17层） YWB-1cF（18层）		 B户型-F西北面
14	YNB-1F（3层） YNB-1kF（4层） YNB-1aF（5～9层） YNB-1bF（10～17层） YNB-1cF（18层）		
17	YNB-4F（3层） YNB-4kF（4层） YNB-4aF（5～9层） YNB-4bF（10～17层） YNB-4cF（18层）		
4 （10）	4号YB-4F（3～17层） 10号YD-4F（18层）		 B户型-F东北面
5 （11）	5号YB-5F（3～17层） 11号YD-5F（18层）		
4 （10）	4号YB-4aF（3～17层） 11号YD-4aF（18层）		

 沈阳市装配式建筑建筑模型表

附表2.1 洪汇园工程标准户型BIM建筑模型表

户型一级模型（表格说明：尺寸为轴线之间的距离）				
名称	编号	参数	说明	图例
A1	JZ	一卧一厨一卫 26.64m² （7400mm×3600mm×2850mm）	单一户型	
A2	JZ	一卧一厨一卫 26.64m² （7400mm×3600mm×2850mm）	单一户型	
B1	JZ	一卧一厨一卫 24.5m² （5000mm×4900mm×2850mm）	单一户型	
B2	JZ	一卧一厨一卫 24.5m² （5000mm×4900mm×2850mm）	单一户型	

续表

户型一级模型（表格说明：尺寸为轴线之间的距离）				
名称	编号	参数	说明	图例
CD1	JZ	C1 户型 一卧一厨一卫 24.5m² （5000mm×4900mm×2850mm） D1 户型 一卧一厨一卫 24.5m² （5000mm×4900mm×2850mm）	组合户型	
CD2	JZ	C2 户型 一卧一厨一卫 25m² （5000mm×5000mm×2850mm） D2 户型 一卧一厨一卫 25m² （5000mm×5000mm×2850mm）	组合户型	
JT	JZ-F1	双跑楼梯 2 个前室 2 部电梯 84m²	一层交通核	
	JZ-BZ	双跑楼梯 2 个前室 2 部电梯 51.44m²	标准层交通核	
DC	JZ	40.44m²	顶层	

续表

名称	编号	参数	说明	图例
\multicolumn{5}{建筑户型二级模型（表格说明：尺寸为轴线之间的距离）}
A1	JZ	起居室兼卧室：16.56m²，厨房：4.08m²，卫生间：3.06m²	完整户型	
A2	JZ	起居室兼卧室：16.56m²，厨房：4.08m²，卫生间：3.06m²	完整户型	
B1	JZ	起居室兼卧室：13.44m²，厨房：5.04m²，卫生间：3.33m²	完整户型	
	JZ-01	起居室兼卧室：13.44m²，厨房：5.04m²，卫生间：3.33m²	三面墙	
B2	JZ	起居室兼卧室：13.44m²，厨房：5.04m²，卫生间：3.33m²	完整户型	

续表

名称	编号	参数	说明	图例
		建筑户型二级模型（表格说明：尺寸为轴线之间的距离）		
B2	JZ-01	起居室兼卧室：13.44m², 厨房：5.04m²，卫生间：3.33m²	三面墙	
CD1	JZ	起居室兼卧室：2×13.44m²，厨房：2×5.04m²，卫生间：2×3.33m²	组合户型完整	
CD2	JZ	起居室兼卧室：2×13.44m²，厨房：2×5.04m²，卫生间：2×3.33m²	组合户型完整	
	JZ-01	起居室兼卧室：2×13.44m²，厨房：2×5.04m²，卫生间：2×3.33m²	组合户型缺两面墙	
CD3	JZ	起居室兼卧室：2×13.44m²，厨房：2×5.04m²，卫生间：2×3.33m²	组合户型完整	

续表

建筑户型二级模型（表格说明：尺寸为轴线之间的距离）				
名称	编号	参数	说明	图例
JT	JZ-F1	电梯间（左）：4.41m²，电梯间（右）：6.25m²，楼梯间：16.58m²，前室（左）：4.68m²，前室（右）：6.76m²，水暖井：2×1.71m²，水井：0.44m²，讯井：0.48m²，电井：0.84m²	一层交通核	
	JZ-BZ	电梯间（左）：4.41m²，电梯间（右）：6.25m²，楼梯间：16.58m²，前室（左）：4.68m²，前室（右）：6.76m²，水暖井：2×1.71m²，水井：0.44m²，讯井：0.48m²，电井：0.84m²	标准层交通核	
DC2	JZ	电梯间（左）：4.41m²，电梯间（右）：6.25m²，楼梯间：16.58m²，前室（左）：4.68m²，前室（右）：6.76m²，水井：0.44m²，讯井：0.48m²，电井：0.84m²	顶层	

附表2.2 公租房和惠生惠民工程标准户型BIM模型表

建筑户型一级模型（表格说明：尺寸为轴线之间的距离）				
名称	编号	参数	说明	图例
A	JZ	一卧一厨一卫 26.8m² （4800mm×5600mm×3000mm）	组合户型	
B1	JZ	二卧二厨一卫 36.96m² （5600mm×6600mm×3000mm）	单一户型	

续表

建筑户型一级模型（表格说明：尺寸为轴线之间的距离）				
名称	编号	参数	说明	图例
B2	JZ	二卧二厨一卫 36.96m² （5600mm×6600mm×3000mm）	单一户型	
B3	JZ	二卧二厨一卫 37.62m² （5700mm×6600mm×3000mm）	单一户型	
B4	JZ	二卧二厨一卫 37.62m² （5700mm×6600mm×3000mm）	单一户型	
C1	JZ	一卧一厨一卫 39.52m² （3800m×10400mm×3000mm）	单一户型	
C1	JZ-01	一卧一厨一卫 39.52m² （3800mm×10400mm×3000mm）	单一户型	
C2	JZ	一卧一厨一卫 39.52 m² （3800mm×10400mm×3000mm）	单一户型	

续表

建筑户型一级模型（表格说明：尺寸为轴线之间的距离）				
名称	编号	参数	说明	图例
C3	JZ	一卧一厨一卫39.90m² （3800mm×10500mm×3000mm）	单一户型	
D1	JZ	一卧一厨一卫39.33m² （3800mm×10350mm×3000mm）	单一户型	
	JZ-01	一卧一厨一卫39.33m² （3800mm×10350mm×3000mm）	单一户型	
JT1	JZ-F1	双跑楼梯 2个前室 2部电梯 47.36m²	一层交通核	
	JZ-BZ	双跑楼梯 2个前室 2部电梯 47.36m²	标准层交通核	
DC1	JZ	47.36m²	顶层	

续表

名称	编号	参数	说明	图例
建筑户型二级模型（表格说明：尺寸为轴线之间的距离）				
A1	JZ	卧室：$2\times8.40m^2$，厨房：$2\times5.10m^2$，卫生间：$2\times3.06m^2$，客厅：$2\times10.03m^2$	组合户型	
A1	JZ-01	卧室：$2\times8.40m^2$，厨房：$2\times5.10m^2$，卫生间：$2\times3.06m^2$，客厅：$2\times10.03m^2$	单一户型	
A1	JZ-02	卧室：$2\times8.40m^2$，厨房：$2\times5.10m^2$，卫生间：$2\times3.06m^2$，客厅：$2\times10.03m^2$	单一户型	
B1	JZ	主卧室：$7.95m^2$，次卧室：$6.63m^2$，厨房：$5.83m^2$，卫生间：$3.06m^2$，客厅：$13.50m^2$	单一户型	
B1	JZ-01	主卧室：$7.95m^2$，次卧室：$6.63m^2$，厨房：$5.83m^2$，卫生间：$3.06m^2$，客厅：$13.50m^2$	单一户型	

续表

建筑户型二级模型（表格说明：尺寸为轴线之间的距离）				
名称	编号	参数	说明	图例
B2	JZ	主卧室：7.95m²，次卧室：6.63m²，厨房：5.83m²，卫生间：3.06m²，客厅：13.50m²	单一户型	
	JZ-01	主卧室：7.95m²，次卧室：6.63m²，厨房：5.83m²，卫生间：3.06m²，客厅：13.50m²	单一户型	
B3	JZ	主卧室：7.95m²，次卧室：6.63m²，厨房：5.83m²，卫生间：3.06m²，客厅：13.50m²	单一户型	
	JZ-01	主卧室：7.95m²，次卧室：6.63m²，厨房：5.83m²，卫生间：3.06m²，客厅：13.50m²	单一户型	
B4	JZ	主卧室：7.95m²，次卧室：6.63m²，厨房：5.83m²，卫生间：3.06m²，客厅：13.50m²	单一户型	
	JZ-01	主卧室：7.95m²，次卧室：6.63m²，厨房：5.83m²，卫生间：3.06m²，客厅：13.50m²	单一户型	

续表

建筑户型二级模型（表格说明：尺寸为轴线之间的距离）				
名称	编号	参数	说明	图例
C1	JZ	卧室：11.16m²，厨房：5.80m²，卫生间：3.06m²，客厅：10.08m²	单一户型	
	JZ-01	卧室：11.16m²，厨房：5.80m²，卫生间：3.06m²，客厅：10.08m²	单一户型	
C2	JZ	卧室：11.16m²，厨房：5.80m²，卫生间：3.06m²，客厅：10.08m²	单一户型	
	JZ-01	卧室：11.16m²，厨房：5.80m²，卫生间：3.06m²，客厅：10.08m²	单一户型	
C3	JZ	卧室：11.16m²，厨房：5.80m²，卫生间：3.06m²，客厅：10.08m²	单一户型	
	JZ-01	卧室：11.16m²，厨房：5.80m²，卫生间：3.06m²，客厅：10.08m²	单一户型	

续表

名称	编号	参数	说明	图例
建筑户型二级模型（表格说明：尺寸为轴线之间的距离）				
D1	JZ	卧室：11.52m²，厨房：5.58m²，卫生间：3.06m²，客厅：10.08m²	单一户型	
	JZ-01	卧室：11.52m²，厨房：5.58m²，卫生间：3.06m²，客厅：10.08m²	单一户型	
JT1	JZ-F1	楼梯间：12.06m²，电梯间：2×5.08m²，前室：9.4m²，水暖井：3.68m²	单一户型	
	JZ-BZ	楼梯间：12.06m²，电梯间：2×5.08m²，前室：9.4m²，水暖井：3.68m²	单一户型	
JT2	JZ-BZ	楼梯间：12.06m²，电梯间：2×4.73m²，前室：11.04m²，水暖井：3.68m²	单一户型	
DC1	JZ	楼梯间：12.06m²，电梯间：2×4.73m²，前室：11.04m²，水暖井：3.68m²	单一户型	

附表 **3** 沈阳市装配式建筑结构模型表

附表3.1　洪汇园工程标准户型BIM结构模型表

户型结构				
名称	编号	参数	说明	图例
A1	JG	混凝土标号，配筋量，建筑编号	完整户型	
A2	JG-01	混凝土标号，配筋量，建筑编号	完整户型	
B1	JG	混凝土标号，配筋量，建筑编号	完整户型	
B2	JG-01	混凝土标号，配筋量，建筑编号	完整户型	

续表

户型结构				
名称	编号	参数	说明	图例
CD1	JG	混凝土标号，配筋量，建筑编号	完整户型	
CD2	JG-01	混凝土标号，配筋量，建筑编号	完整户型	
JT	JG	混凝土标号，配筋量，建筑编号	完整户型	
DL	JG	混凝土标号，配筋量，建筑编号	完整户型	
ZL	JG	混凝土标号，配筋量，建筑编号	完整户型	

附表3.2　惠生工程标准户型BIM结构模型表

户型结构				
名称	编号	参数	说明	图例
A1	JG	混凝土标号，配筋量，建筑编号	完整户型	
A2	JG-01	混凝土标号，配筋量，建筑编号	完整户型	
B1	JG	混凝土标号，配筋量，建筑编号	完整户型	
B2	JG-01	混凝土标号，配筋量，建筑编号	完整户型	
CD1	JG	混凝土标号，配筋量，建筑编号	完整户型	
CD2	JG-01	混凝土标号，配筋量，建筑编号	完整户型	

续表

户型结构				
名称	编号	参数	说明	图例
JT	JG	混凝土标号，配筋量，建筑编号	完整户型	
ZL	JG	混凝土标号，配筋量，建筑编号	完整户型	
DL	JG	混凝土标号，配筋量，建筑编号	完整户型	

附表4 沈阳市装配式建筑管线模型表

附表4.1 洪汇园工程标准户型BIM模型表

给排水模型				
名称	编号	说明		图例
A1	GPS	卫生器具包括：台下式台盆×1、洗脸盆×1、坐便器×1；管道系统包括家用冷水系统与排水系统		
A2	GPS	卫生器具包括：台下式台盆×1、洗脸盆×1、坐便器×1；管道系统包括家用冷水系统与排水系统		
B1	GPS	卫生器具包括：台下式台盆×1、洗脸盆×1、坐便器×1；管道系统包括家用冷水系统与排水系统		

续表

给排水模型			
名称	编号	说明	图例
B2	GPS	卫生器具包括：台下式台盆×1、洗脸盆×1、坐便器×1；管道系统包括家用冷水系统与排水系统	
CD1	GPS	卫生器具包括：台下式台盆×1、洗脸盆×1、坐便器×1；管道系统包括家用冷水系统与排水系统	
CD2	GPS	卫生器具包括：台下式台盆×1、洗脸盆×1、坐便器×1；管道系统包括家用冷水系统与排水系统	
暖通模型			
名称	编号	说明	图例
A1	NT	采用热水地面辐射采暖，户内采用耐热聚乙烯PE-RT管	
A2	NT	采用热水地面辐射采暖，户内采用耐热聚乙烯PE-RT管	
B1	NT	采用热水地面辐射采暖，户内采用耐热聚乙烯PE-RT管	

续表

暖通模型			
名称	编号	说明	图例
B2	NT	采用热水地面辐射采暖，户内采用耐热聚乙烯PE-RT管	
CD1	NT	采用热水地面辐射采暖，户内采用耐热聚乙烯PE-RT管	
CD2	NT	采用热水地面辐射采暖，户内采用耐热聚乙烯PE-RT管	

电气模型			
名称	编号	说明	图例
A1	DQ	包括户内强电系统（照明、插座）与弱电系统（通讯）	
A2	DQ	包括户内强电系统（照明、插座）与弱电系统（通讯）	

电气模型			
名称	编号	说明	图例
B1	DQ	包括户内强电系统（照明、插座）与弱电系统（通讯）	
B2	DQ	包括户内强电系统（照明、插座）与弱电系统（通讯）	
CD1	DQ	包括户内强电系统（照明、插座）与弱电系统（通讯）	
CD2	DQ	包括户内强电系统（照明、插座）与弱电系统（通讯）	

附表4.2 惠生惠民工程标准户型BIM设备模型表

水模型			
名称	编号	说明	图例
A1	GS	棕色管道为排水；蓝色管道为生活给水；红色管道为生活热水	
A2	GS	棕色管道为排水；蓝色管道为生活给水；红色管道为生活热水	
B1	GS	棕色管道为排水；蓝色管道为生活给水；红色管道为生活热水	
B2	GS	棕色管道为排水；蓝色管道为生活给水；红色管道为生活热水	
B3	GS	棕色管道为排水；蓝色管道为生活给水；红色管道为生活热水	
B4	GS	棕色管道为排水；蓝色管道为生活给水；红色管道为生活热水	

续表

水模型			
名称	编号	说明	图例
C1	GS	棕色管道为排水；蓝色管道为生活给水；红色管道为生活热水	
C2	GS	棕色管道为排水；蓝色管道为生活给水；红色管道为生活热水	
C3	GS	棕色管道为排水；蓝色管道为生活给水；红色管道为生活热水	
D	GS	棕色管道为排水；蓝色管道为生活给水；红色管道为生活热水	
暖模型			
名称	编号	说明	图例
A1	NT	每组散热器出水侧均设DN10手动放气阀；散热器连接方式为单管水平跨越式，管道为沟槽敷设	
A2	NT	每组散热器出水侧均设DN10手动放气阀；散热器连接方式为单管水平跨越式，管道为沟槽敷设	

续表

暖模型			
名称	编号	说明	图例
B1	NT	每组散热器出水侧均设DN10手动放气阀；散热器连接方式为单管水平跨越式，管道为沟槽敷设	
B2	NT	每组散热器出水侧均设DN10手动放气阀；散热器连接方式为单管水平跨越式，管道为沟槽敷设	
B3	NT	每组散热器出水侧均设DN10手动放气阀；散热器连接方式为单管水平跨越式，管道为沟槽敷设	
B4	NT	每组散热器出水侧均设DN10手动放气阀；散热器连接方式为单管水平跨越式，管道为沟槽敷设	
C1	NT	每组散热器出水侧均设DN10手动放气阀；散热器连接方式为单管水平跨越式，管道为沟槽敷设	
C2	NT	每组散热器出水侧均设DN10手动放气阀；散热器连接方式为单管水平跨越式，管道为沟槽敷设	
C3	NT	每组散热器出水侧均设DN10手动放气阀；散热器连接方式为单管水平跨越式，管道为沟槽敷设	
D	NT	每组散热器出水侧均设DN10手动放气阀；散热器连接方式为单管水平跨越式，管道为沟槽敷设	

[1] Building and Construction Authority.Singapore BIM Guide,2012.http://www.corenet.gov. sg/integrated_submission/bim/BIM_Guide.htm.

[2] National Institute of Building Sciences.National Building Information Modeling Standard. Facilities Information Council National BIM Standard,2007.

[3] DB11/1063-2014民用建筑信息模型设计标准.

[4] Nawaril.Standardization of Structural BIM.International Workshop on Computing in Civil Engineering.2014：405-412.